ケーススタディで
しっかり身につく！

Google
Apps
Script
超入門

境野 高義
技術評論社

JN014257

はじめに

「あなたはなぜプログラミングができるようになりたいのですか?」

と聞かれたらなんと答えますか? ノンプログラマを対象にしている本書を手にとってくれたみなさんがどのような動機を持っているのかを知りたいと思いまして。

- ・流行ってるから
- ・仕事や就職で有利になりそうだから
- ・趣味を増やしたいから
- ・カッコよさそうだから

などなど、いろいろな動機があると思います。
なかには下記のような課題感を持っている方もいるでしょう。

- ・毎日の単純作業を無駄と感じている
- ・自動処理をさせることでミスを減らしたい
- ・業務の自動化をしたい
- ・そしてこれらを誰かに頼むのではなく、自分でできるようになりたい!

本書はこのような課題感を持った方に向けて、「プログラミング初心者が業務の自動化をできるようになる」ことを目指しています。

10年前、5年前に比べて、プログラミングの敷居は急激に下がってきています。義務教育にもプログラミングが含まれる時代になってきており「プログラミングができる人は少数派である」という時代は変わりつつあります。
私たちの生活はシステムを使いこなすことで成り立っています。たとえば会社での勤怠管理や、経費精算などもシステム (ここではシステムとはプログラムの集合体とします) であり、そのシステムをうまく使うことで、業務が、会社が、社会が効率化されています。会社帰りに電車に乗るときに「ピッ」とするだけで乗れるのも、自動販売機で正しくお釣りが出てくることも、その中でプログラムが動いているからです。

今の時代は「第四次産業革命」と呼ばれており、人工知能（AI）やロボット、ブロックチェーンなどがキーワードになっていますが、これらのテクノロジーに「使われる」のではなく「使う」側に立つことが生きることを有利にする時代ともいえます。

　たとえばプログラムを作ることで「手作業で2時間かかっていた作業を10秒で処理する」ようなことが可能です。「経費精算システム」のような複雑なものは作れなくても、「毎日自分がおこなっているメール送信作業を自動化するプログラム」を作ることはできるのです。そのプログラムを作成するために必要なものが無料でそろっているので、誰でも、すぐにでもプログラムを書き始めることができます（その昔は、書き始める前の「環境構築」で挫折するパターンも多かったのです）。

　プログラミングができない人にとっては夢や魔法みたいですが、たとえば現時点でPC操作（エクセル、ワードの他、Webシステムの利用）ができることや、相応のITリテラシーを持ち合わせていることは（特にIT企業では）当然として考えられています。これと同じように、今後、プログラミングという魔法が使える人と使えない人の生産性や市場価値にはどんどん差が出てきます。いや、すでに差は出てきていますよね。

　近年、「デジタル技術を利用して生活／業務をよくしていこう」という動きがさかんですが、私の見解では、これを実現する方策は「何かのシステムを導入すればいい」のような単純なことではありません。たしかにシステムの存在は大きいですが、そこにいる人がそれを使いこなせなければ意味がありません。私はスプレッドシートだって重要なシステムだと思っています。デジタル技術の活用が進まない大きな問題はそれを使う人が「最大限に効率よく利用するにはどうしたらいいのか」を理解できていないことです。そしてこの理解度はプログラムを書ける人と書けない人の間で大きな差があると感じます。

　私が皆さんに求めることは、単にプログラムを作成できるだけではなく、「プログラムで処理するために最適な手順やデータ構造はなにか」を考え、「それだったら目の前のスプレッドシートをこう作り変えよう」などと「現実世界をプログラムで処理しやすいように変えていける人材になること」ことです。

「えっ……じゃあ、プログラミングのできない私はどうなるの？」

　と不安になった方もいるかもしれませんが、大丈夫です！　この本でプログラミングを身に付けたらみなさんも魔法使いになれます！　もしかしたら、プログラミングに漠然と苦手意識を持っている方もいるかもしれませんが、（習ったことはありませんが）本物の魔法よりは簡単にマスターできます。プログラミングは、ゼロから何かを生み出すわけでは

なく、体系化された技術ですので、「こうやったらこうなるよ」というのが決まっています。そのルールを真似することから始めていけば、誰でも実務で使えるレベルのプログラムを書くことができます。

　それによって自分の業務が効率化できた時や、自分がやりたかったことが実現できた時には、きっと大きな喜びがあると思います。

　よくいわれることとして「プログラミングは手段であり、目的は課題解決すること」というのがあります。本当のことをいってしまうと、そこにある課題を解決できるのであれば、プログラミングを使わなくてもいいのです。しかしながらIT化された今の社会において、プログラミングを使うことで効率的に解決できる課題は多く存在します。そこで本書では、「課題解決の手段としてプログラミングを身につけること」を目的としています。

　この本をきっかけとして、みなさんの人生に変化が起こせたらうれしいです。

本書のゴール

　本書のゴールをもう少し具体化すると、

「プログラム未経験者がGAS、つまりGoogle Apps Script（手段）を使い業務効率化・自動化（課題解決）ができるようになる」

です。そのために本書では、「GASの文法を学んだ後、各章末で実際に自動化プログラムを書いてみる」という構成を取っています。そして、各章末のプログラムの書き方を解説する際には、「私がコードを書く際の思考の流れ」をできるかぎり説明しています。

　通常のプログラミングの本を見ると、前振りなしにいきなり「完成されたコード」が載っていることも多いです。しかし実際は、現役のエンジニアといえどもはじめから完成したコードが書けるわけではありません。少しずつ「部品」を作っていき、それを組合せて完成させる、というイメージです。

　そこで、本書ではできるだけ「完成品のコードができあがるまでに、どのように考えたのか」も説明してます。こうすることで、プログラムを書くうえで必要な「実現したいことを分解して順番に並べられる」や「スタートから始まりゴールで完了するまでのフローチャートをイメージできる」といった能力を身に付けてほしいと思っています。

　たとえば実務で「メールの自動送信」という自動化をしたいときには、私は下記のような手順を踏みます。

　　　　【1】何がどうなったら課題が解決したと言えるのかを定義する

「メールを送信する」だけでは情報が不十分で、「誰に」「どんな件名で」「本文に何を入れて」「いつ送信する?」「そのときのFromアドレスは?」「添付ファイルはあるのか?」……など、詳細な条件が必要になります。

【2】ゴール達成までの道筋をいくつかのステップに分ける

1通のメールを作るための情報をどこから取ってくるのか。たとえば本文に入れる情報がGoogleスプレッドシートにあるなら、「Googleスプレッドシートから情報を取ってくる」というステップが必要になります。

【3】それぞれのステップを満たすためのプログラムを書く

「Googleスプレッドシートの情報を取ってくるためのプログラム」「取ってきた情報をもとにしてメール本文を作成するプログラム」など。ここが「部品」を作るイメージです。

【4】「部品」のプログラムを組合せてゴールを達成できる「完成形」のプログラムにする

現場でよく使うであろういくつかの事例を通して、この4つのプロセスを追体験していただきたいと思います。

本書では、プログラミング言語としてGASを用いますが、「この本があればGASのすべてがわかる」というものは目指していません。先にも書いたとおり、本書を通じてみなさんに身に付けていただきたいのは、「GASの文法のすべて」ではなく、「課題解決のためのプログラミングの書き方、その思考法」だからです。そのため、「よく使う文法」は紹介していますが、必要かどうかは場合によることについては、説明をあえて省いているところもあります(GASでできることを網羅的に解説してくれる良書もありますので、参考にしてみてください!)。

「困った時に自分で調べられる」ようになることも、プログラミングを続けていくうえで大事です。そのため、所々で

「こんなワードで調べてみてください」

といった記載が出てきます。疑問点を自分で調べてみることで「技術情報に触れる」ことにも慣れてほしいです。

自己紹介

私のバックグラウンドを紹介します。「こんな人でもプログラミングできるようになるんだ」というイメージを持っていただけたらと思います。

- 高校は文系。数学や物理の時間はまったくついていけていませんでした
- 大学は教育学部でした。小学校の教員免許を持ってますが専攻は世界史でした
  （大学時代は吹奏楽サークルばっかりの生活でした）
- 卒業後の職務経歴は、まずは無農薬野菜の電話営業
- 次に、アニメーションの制作進行
- 未経験からのJavaプログラマ ← ここからITの世界へ
- デジタルカメラのソフトウェア品質保証エンジニア
- Webサービスのソフトウェア品質保証エンジニア
- Webサービスの開発エンジニア
- 業務の自動化効率化 ＋ BI（Business Intellignece）担当
- 販売管理部部長 ← いまココ

変わったところだと「アニメの制作進行」をやっていたことがあります。OVAとか劇場版にも関わっていました。

上のとおりもともと文系で、プログラミングを学び始めたのは社会人になってからです。プログラムに初めて触れたときは「自分が書いたプログラムが思ったとおりに動いた！　すごい！」とか「わからなかったことがわかるようになった！　すごい！」という感覚がありました（プログラムを書くうえで「私ってすごい！」って思えるのは大事な感覚だと思います（笑））。

そしてプログラミングは、「物事を順序立てて考えることができる」「他人にわかりやすく物事を説明できる」といったことに近く、（数学や物理ができるという意味での）理系かどうか、は関係ないことにも気づきました。

プログラミングを学習していく中で、エラーが解決できずなかなか先に進めないということも数多くありました。そのなかには「自分の理解不足」ももちろんありますが「こういう風に教えてくれたらわかりやすいのに」と思うこともありました。そのおかげで、今でもプログラミング初学者のつまづきポイントがわかる気がしています。この経験は、本書にも活かしています。

また現職では「エンジニアじゃない人もプログラミングができるようになったら楽しいのに！」という私の思いと、「プログラミングを身につけたい！」という社内メンバーの思い

が重なって、プログラミング未経験者に向けて「社内GASレクチャー」の講師を何度かおこなっています。このときに考えたノウハウも本書に詰めましたが、

「初学者にはこう説明したらわかりやすいのでは」
「ここは図にして視覚的に理解できるようにしたい」

といった試行錯誤が、執筆していくなかでいっぱいありました（たいへんではありましたが、「これならわかってもらえるだろう」という資料を作るのは楽しい作業でもありました）。

　私は自分のことを「デキるプログラマ」だとは思っていません。ですが、初学者に向けてプログラムの世界を知ってもらい、初心者以上に成長していくための情報提供はできると思っています。この本を学習のきっかけにしてもらい、その先には私を踏み台にして私以上にデキる人になってもらいたいです！

対象読者と学習に必要な環境

　本書は「Google Apps Script」の本のため、Googleサービスが利用できることを前提にしています。会社でGoogle Workspace（旧G Suite）を使っているか、個人であってもGoogleアカウント（Gmailのメールアドレス）を持っていれば大丈夫です。本書では、「個人で、無料のGoogleアカウントを使っている人」ができる範囲に限定して、解説を進めています。またブラウザはGoogle Chromeにしておいたほうが扱いやすいでしょう。

　そのうえで、以下のような方を対象にしています。現時点でプログラミングの知識、経験はゼロでも問題ありません。

- ノンプログラマだけどプログラミング技術を使って業務効率化したい人
- プログラムをやってみたいけどやったことない、あるいは
  プログラミングに触れたことはあるけど実務で使ったことはない人
- 自動化をエンジニアに依頼することはあるけど、
  自分でできたらもっといいのになと思ってる人

本書の構成

　プログラミングの学習に本格的に入る第2章からは、以下の構成で話を進めています。

【1】冒頭に、課題として「自動化したい作業・業務」の例を提示

【2】課題を自動化するために必要な「GASの文法要素」を、基本から説明

【3】最後に要素を組合せて、完成形のプログラムを作る

　完成形に至るまでの思考の流れや考え方の順番なども、参考にしていただけるとうれしいです。

サンプルデータ／コードのダウンロードと確認テストの回答

　本書に掲載のコード／課題プログラム作成のために必要なサンプルシートのデータなどは、以下からダウンロードできます。

https://gihyo.jp/book/2022/978-4-297-12627-8

　サンプルシートは、エクセルファイルで提供しています。以下の手順を踏んでいただくと、エクセルファイルのデータをGoogleスプレッドシートで扱えるようになります。

- ・Googleスプレッドシートのメニューから「ファイル→インポート」を選択し、ダウンロードしたエクセルファイルを選択
- ・エクセルの内容がGoogleスプレッドシートとして変換される

　また、本書の途中には「確認テスト」を入れています。テストの解答例も上のURLからダウンロードできますので、参考にしてください。

目次

第3章 アンケート集計を自動化したい！

第3章 アンケート集計を自動化したい！ ···· 097
～「配列」「条件分岐」「繰り返し」を理解する

第1章

知っておきたい GASプログラミングの 超基本

そもそも「プログラミング」って何だろう

さぁ、やっていきましょう！

この章はプログラミング学習のイントロダクションという位置づけです。プログラミングの中身に入っていく前の準備として、「スクリプトエディタの使い方」を知ることと、「プログラムを書いて、実行して、結果を確認する」という流れを体験してみることを目的にしています。

コンピューターの世界と人間の世界

これから学習していくGASは、プログラミング言語の一つです。他にどんな言語があるか知っていますか？　おそらくこの本を手にしていただいたということは、JavaScript、Python、Rubyといった名前を聞いたことがあるかもしれません。また、学生時代に授業でC言語を勉強したことがあるかもしれませんね。

では、プログラミング言語とは何をしてくれるものなのでしょうか？

コンピューターの中は二進数、つまり「0」と「1」でできている世界です。でも、人間は0と1だけが並んでいても、それが何を意味するのか理解できませんし、書くこともできません。そのため、人間がコンピューターに命令をするときは、「人間が見てわかる言葉でプログラムを書き、コンピューターがそれを0と1に変換し、実行する」ということをしています（図1-1）。

図 1-1 プログラミング言語の役割

人が見て
わかる表現

機械がわかる
ように変換

Google Apps Script

今回は GAS ですがプログラミング
言語はいっぱいある

このとき、「人間が見てもわかり、かつコンピュータも0と1に変換して理解できる言葉」=「人間とコンピュータの橋渡しをする言葉」が、「プログラミング言語」です。

　私が初めてプログラムを見た時は、「英語と記号が並んでいる意味不明なもの」に見えました。でも実際は上記のように、「人が見てわかるようにした命令」なのです（大体のものは、英語が分かれば意味が分かるようになっています）。その命令の読み方、作り方を本書でこれから学んでいきましょう。

プログラムはいやというほど几帳面

　1点、最初に大事なことを注意しておきます。プログラムは「何度でも指示通りに正確に実行してくれる」のですが、その反面、「指示したことしかやってくれない」のです。

　つまりこれは、「プログラムにやらせたいことは、すべて正確に指示する必要がある」ということです。人間なら場の空気を読んで対応してくれることも、プログラムは気を遣ってくれません。

　そのため、指示が間違っていた場合は、「間違った指示を、指示された通りに実行する」ことになってしまうことを覚えておいてください。

Google Apps Scriptを使うメリットって？

とても便利な言語です！

ここで少し、GASについて補足しておきます。GASとは、Googleが提供しているプログラミング言語です。「JavaScript」という、Googleとは関係はないのですが、とても普及している言語がベースになっています。

メリット1つ目：JavaScriptの書き方がそのまま利用できる！

GASを使うメリットの1点目として、JavaScriptの書き方のほぼすべてをそのまま利用できることが挙げられます。

先に書いたように、JavaScriptは、GASよりももっと前に作られ、広く普及している言語です。そのため、GASよりもJavaScriptの方が豊富に記事が存在しています。たとえば「GAS　配列」と検索するよりも「JavaScript　配列」と検索するほうが多くの記事がHITすると思います。そしてそのほとんどは、GASで使うこともできるのです！

本書は、「プログラミング初心者」をおもなターゲット層としているため、プログラミングの仕様のすべてを説明することはしていません。その代わり、もっと細かく知りたい人向けに、本書で解説する以上に深い仕様がある場合については、「くわしくは検索してください」と書いておくようにしました。ぜひその際は、「GAS」だけではなく「JavaScript」でも検索をかけてみてください。

メリット2つ目：環境構築が必要ない！

もう一つ、GASのすごい点としては、「環境構築」が必要ないことです。

じつは、PythonやRubyなどの言語は、自分のパソコンの中にその言語を動かすためのプログラムをインストールする必要があります。これを、「環境構築」といいます。しかし環境構築は、多くのプログラミング言語にとって必須なのですが、初心者がつまずきやすいポイントでもあるのです。

しかし、GASではこの環境を、Googleが用意してくれています。そのため、Googleのア

カウントを持っていて、インターネットに接続できればすぐにでも開発が開始できます！

メリット3つ目：Googleのさまざまなサービスに対応している！

　GASを使うと、Googleのサービス（Googleスプレッドシート、Gmail、Googleカレンダーなど）を「操作」することができます。ここでいう操作とは、

- スプレッドシートを開いてシートAのA20セルの値をメールする
- Gmailを「請求書」というワードで検索して、HITしたメールの本文をスプレッドシートに書き出す
- Googleカレンダーを開いて今日の予定の一覧をメールする

などのように、これまでGoogleスプレッドシートやGmailに対して手動で行っていた操作のことです。これをプログラムにやらせることができるのです！　GASを覚えると、Google Workspaceを利用している人にはとても強力なツールになります。

プログラムを概念図に落とし込んでみよう

　それではさっそく、プログラムがどんなものかを学んでいきましょう。といっても、むずかしく考える必要はありません。
　まず、ものすごく大雑把にプログラムについて説明すると、「何かを受け取って、処理して、結果を出力するもの」になります（図1-2）。

図1-2　ものすごく概念な図

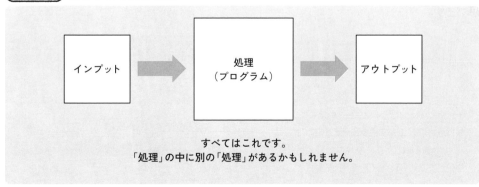

すべてはこれです。
「処理」の中に別の「処理」があるかもしれません。

【インプットの例】

・ユーザーの入力

・何かのCSVファイル

・受信したメール

【処理（プログラミングをしていく部分）の例】

・数字を計算、集計する

・必要な文字だけを抜き出す

・何らかの文章を作成する

【アウトプットの例】

・（送信された）メール

・（出力された）スプレッドシートのデータ

・（チャットツールなどに送られた）メッセージ

こんなにシンプルなの？　と思うかもしれません。確かに実際には、上の例の「処理」を細分化すると「処理」の中に別の「処理」があったりと、複雑になる場合も多いです。

でも、プログラミングのおおざっぱな「概念」としては、いまの「何かを受け取って、処理して、結果を出力するもの」で、実はすべてのプログラムは説明できてしまうのです。

これから先、いろんなプログラムが出てきたり、書いてもらうことになりますが、ぜひそれらについて

●何を受け取って、どう処理して、何を出力するのか

ということを、まず考えるようにしてください。適宜こちらでも解説を入れていきますが、自分で考えることで、「具体的にどういうことなのか？」が分かってくる部分も多いと思います。

プログラムの流れを具体的に考えてみよう

Section 1-3

～フローチャート

何事も順番が大事！

　前節で、プログラムは「何かを受け取って、処理して、結果を出力するもの」であることを確認しました。このとき、そのなかで「処理」の箱の中に入るのが、プログラムのメイン部分です。

　プログラムを書く時には、こちらの意図通りにコンピュータに動いてもらうために、処理の内容と、その順番について正確に指示を出す必要があります。ですが、「Aの処理をして、Cの処理にして、Bの処理に戻って......」など、複雑な処理になればなるほど、正確に指示を出すのは大変になっていきます。そんなときに活躍するのが、フローチャートです。全体の流れをフローチャートで表現することで、視覚的にわかりやすくなりますし、複数人で開発する場合や、プログラム作成の依頼者と作成者との間の意識合わせの場面で、解釈のゆれも起きなくなります。

　言葉の解釈にまつわる、プログラマジョークとして「牛乳卵問題」というのがあります。

　プログラマの夫に「買い物に行って牛乳を1つ買ってきて。卵があったら6つお願いね」と頼んだ。しばらくして夫は牛乳を6つ買ってきた。妻は夫になぜ牛乳を6つも買ってきたのか聞いた。夫は答えた。「だって卵があったから......」

「常識」で期待される結果としては、夫が買ってくるべきなのは「牛乳1つと卵6個」あるいは「牛乳1つ」ですよね？　ただ、日本語を解釈していくと、夫の行動が「絶対に間違っている」とも言い切れないのが「我々が日常で使う言葉（これを「自然言語」といいます）」の面白いところでもあり、認識違いの問題が起きる原因でもあります。

　この場合、妻と夫の認識には、図1-3のような違いがありました。

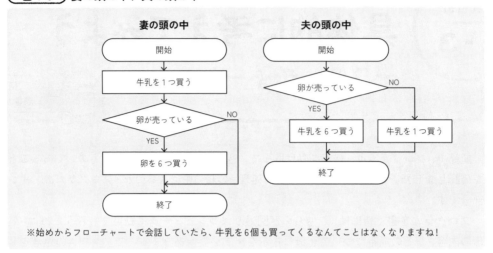

図 1-3 妻の頭の中、夫の頭の中

※始めからフローチャートで会話していたら、牛乳を6個も買ってくるなんてことはなくなりますね!

　プログラム言語などは、「自然言語」と区別して「形式言語」と呼びます。誰が見ても同じ解釈・結果になることを前提として作られているため、誰が作っても同じ結果になるフローチャートを書くことができます。みなさんが「○○をするプログラムを作りたい」と思った時、その思考は「自然言語」でできていると思います。それをフローチャートに落とし込んでやることではじめて、「形式言語（＝プログラム）」に翻訳することが可能になるのです。

　日頃おこなう業務の中で、自分の作業を別の人に引き継ぐ場面があると思います。この時、引き継ぎ資料として、作業の目的を達成できるように、「どういう時に、何を、どういう順番で処理するか」の手順書が必要になるでしょう。この手順書は、「誰が読んでも同じ結果になること」が理想ですが、正確に引き継ごうとすればするほど、書くべきことは多くなっていくはずです。

　そんな時は、ぜひ「フローチャート」で書いてみてください。作業者が参照する時に、「今、全体像の中のどこにいるのか」がわかったり、「どれくらいのパターン分岐がありうるのか」の見通しも良くなります。正確な指示が必要なプログラムも、これと同じです。

　プログラムのフローチャートは、「順次」「分岐」「反復」の3つのパターンの組合せで表現することができます（図1-4〜1-6）。

　複雑なプログラムを書く際は、この3つのパターンを組合せて、「目的の処理を実現するためのフローチャート」を書き、それをコードに置き換えていく、という手順を踏んでいきます。

　……とはいっても、フローチャートを書いたことがある人のほうが少ないかもしれませんね。すこし補足しておきましょう。

図1-4 順次のフロー

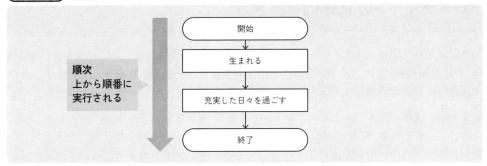

順次
上から順番に
実行される

開始 → 生まれる → 充実した日々を過ごす → 終了

図1-5 分岐のフロー

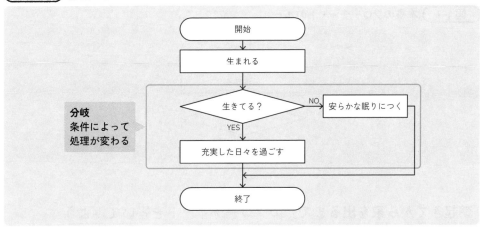

分岐
条件によって
処理が変わる

開始 → 生まれる → 生きてる？ — NO → 安らかな眠りにつく／YES → 充実した日々を過ごす → 終了

図1-6 反復のフロー

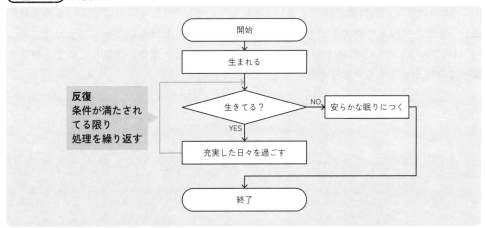

反復
条件が満たされ
てる限り
処理を繰り返す

開始 → 生まれる → 生きてる？ — NO → 安らかな眠りにつく／YES → 充実した日々を過ごす → 終了

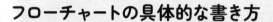

フローチャートの具体的な書き方

　一口にフローチャート（フロー図）といっても、実は何種類もあります。たとえばJIS規格（日本産業規格）では「どういう時にどの記号を使うか」までも定義されています。無理に規格に合わせる必要はありませんが、使う記号に意味付けをしておくほうが理解しやすくなることは確かです。

　そこで、本書では、記号に対して（図1-7）の意味付けをし、それに加えて「上から下に、左から右に」向けて流れが進むように書くようにしています。書き方について興味がある方は、「フローチャート　書き方」や「フロー図　記号」などで調べてみてください。

図 1-7　本書のフローチャートのルール

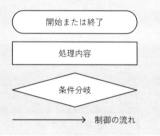

「朝起きてから家を出るまで」のフローチャートを書いてみよう

　練習として、「平日の朝起きてから、家を出るまで」にやることをフローチャートにしてみましょう。その際には、いくつかの条件分岐を入れてみましょう。たとえば、「雨が降っているか（降っていれば傘を用意する）」「発熱していないか（していれば家を出るのをやめる）」、などです。メモやノートでいいので、ここで実際に手書きしてみましょう……私は「会社員である」という前提で図1-8のようにしてみました。電車が遅延していても朝食を食べる時間があるくらいには早起きしたいですね（笑）。

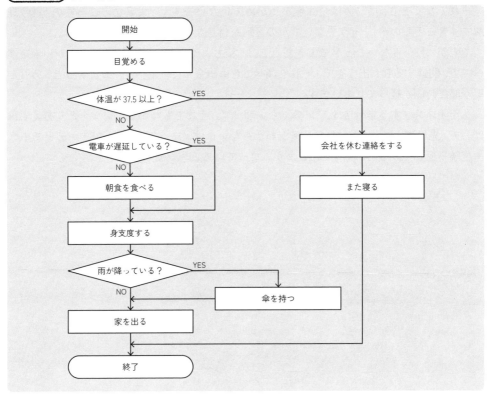

図1-8 私の場合

プログラミングの心構え〜立ち止まらずに先に進もう

ここから実際にプログラムを体験してもらうパートに入ってきますが、その前に大事なことをお伝えしてきます。おそらく、プログラム学習を始めると

「これはどういう意味?」
「なんでこうするの?」

という疑問がたくさん出てくると思います。個人差はありますが、その中には「調べてその場で理解できること」もあれば、「調べてもその時はわからないけど、学習を進めていくなかで理解できること」もあります。

本書では初学者でもわかる説明を心がけていますが、「今はまだ説明してもわからない

だろう」というものについては、あえて飛ばして後の章で説明したりしています。

　それでなくとも、はじめは全体像がつかめていないですし、大事なところなのか（今理解すべきことなのか）、そうでないのかの区別が付かないことも多いと思います。

　ですが、わからないことがでてきたときに（私もよくハマってしまうのですが）「Aを調べてて、関連するBが出てきて、それを調べてCに出会って……」とやっていると、あっという間に時間が経ってしまいます。

　私がオススメする学習法は、「10分くらい調べて、それでもわからないならとりあえず飛ばして、先に進んでしまう（ただし何がわからないかはメモっておく）」です。あとでもう一度読み返してみると、理解できるようになっていると思います。

Section 1-4 「動くプログラム」を体験してみよう！

これであなたも
プログラマ！

お待たせしました！　それではここからみなさんも、プログラムを体験してみましょう。
本格的な学習は第2章から始めますので、ここではプログラムの中身は理解しきれなくても
大丈夫です。まずは「書いて、動かして、結果を見る」のサイクルを体験してみましょう！

プログラムを書く土台を作ろう

まずGoogleドライブ内に、「Googleスプレッドシート」を1つ作ってください。

【1】Googleにログインし、
右上のアプリケーションか
ら「ドライブ」をクリック
する

図1-9

【2】左上の「新規」をクリッ
ク

図1-10

【3】スプレッドシートを選び、「空白のスプレッドシート」をクリック

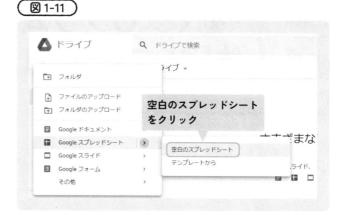

図1-11

【4】新しいスプレッドシートが作成されるのを確認する

　次に、スプレッドシートから「スクリプトエディタ」を呼び出します。「スクリプトエディタ」とは、Googleが用意したGAS専用のプログラム開発ツールです。GASでは、ここにコードを書いていくことになります。以下をおこなうことで、プログラムを書く土台ができます。

【5】拡張機能　→　AppsScriptをクリック

図1-12

【6】 プロジェクトの名前を「GAS入門」とする

図 1-13

【7】 スクリプトファイルの名前を「第1章」とする

図 1-14

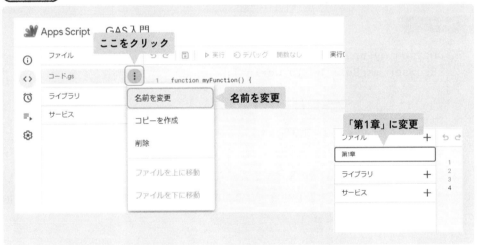

プログラムの4ステップを体感しよう〜hello worldを書く

　　スクリプトファイルの画面から、「コードを書く」「コードを保存する」「実行する関数を
選ぶ」「実行する」の4ステップを踏むことで、プログラムを実行することができます。

図 1-15　やることは4つ

では早速、GASで最初のプログラムを書いてみましょう。スクリプトファイルに、下記のコードを書いてください。

≡ コード 1-1

```
function myFunction(){
  Browser.msgBox('hello world');
}
```

※元々あるmyFunctionの{}の中に書いてください。また、すべて半角英字で入力してください。

コード1-1が書けたら、図1-15の案内をみながら、「保存」してから「実行ボタン」を押してください。すると、初回だけ認証画面になります。Googleからの案内にしたがい、図1-16の手順で認証をおこないましょう。

図 1-16 Google アカウントへのアクセスを認証する

　最後の「許可」ボタンを押すとスクリプトが実行されます。うまく実行できると、スプレッドシートの画面が図1-17の表示になるはずです（この時、スクリプトファイルの画面ではなく、スプレッドシートの画面を確認してください）。場合によっては、初回の実行がうまくいかないことがあります。そのときは一度「停止」してから、もう一度「実行」してみてください（図1-18）。

（図 1-17）うまくいけばhello worldと表示される

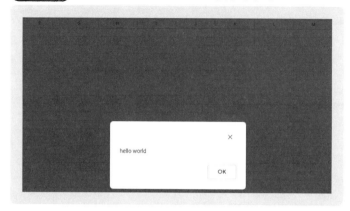

（図 1-18）うまくいかない場合は一度停止ボタンを押す

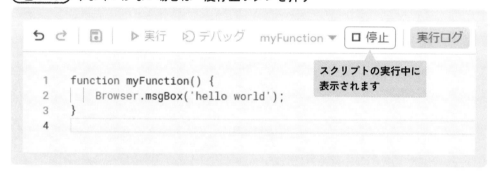

```
1   function myFunction() {
2       Browser.msgBox('hello world');
3   }
4
```

スクリプトの実行中に
表示されます

hello worldの表示を確認出来たら、OKを押してください。これで、書いたプログラムが動いていることを確認できました。つまり、

- スクリプトエディタにコードを書く
- 実行する
- 実行結果を確認する

という、プログラムを書くうえで必須のサイクルを実行できるようになりました！ おめでとうございます！ これであなたも「GASを書ける」ようになりました！（少し大げさですが、それでも「プログラムを書いて、実行して、結果が確認できた」というのは大きな一歩です！）

プログラムの詳細については第2章以降に説明します。この章では、今作ったプログラムの概要だけ、さらっとお伝えします。

（図 1-17）うまくいけばhello worldと表示される

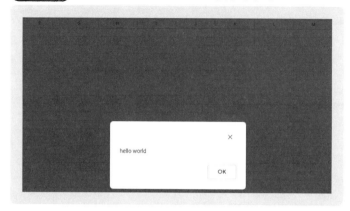

（図 1-18）うまくいかない場合は一度停止ボタンを押す

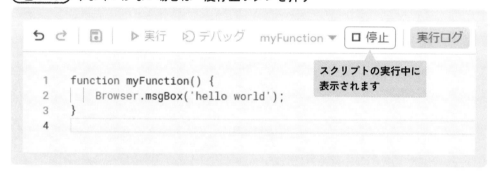

```
1   function myFunction() {
2       Browser.msgBox('hello world');
3   }
4
```

スクリプトの実行中に
表示されます

hello worldの表示を確認出来たら、OKを押してください。これで、書いたプログラムが動いていることを確認できました。つまり、

- スクリプトエディタにコードを書く
- 実行する
- 実行結果を確認する

という、プログラムを書くうえで必須のサイクルを実行できるようになりました！ おめでとうございます！ これであなたも「GASを書ける」ようになりました！（少し大げさですが、それでも「プログラムを書いて、実行して、結果が確認できた」というのは大きな一歩です！）

プログラムの詳細については第2章以降に説明します。この章では、今作ったプログラムの概要だけ、さらっとお伝えします。

hello world プログラムを見てみよう

まず、コードの1行目に書いた「function」を見てみましょう。

GASプログラミングでは、「関数」というものの作成が必要になります。この「関数を作って、関数を実行する」ことで、やりたい処理をしていくのです（関数とは何か、は第4章で説明します）。

≡ コード 1-1 ※部分

```
function myFunction(){
}
```

たったこの二行で、

● 「myFunction」という名前の「関数」をつくるよ
● 「関数」の中身は{から}までだよ

という意味になります。「function」というワードはこのように、関数を作るときに必ず冒頭に入れる、「パソコンに命令するための合言葉」です。functionの後ろには半角スペースを入れて、関数名（この例ではmyFunction）を書きます。

関数を実行すると、その関数の中身（つまり概念図の「処理」の部分）が実行されます（詳しくは第2章で説明します）。今回の例では{}の中（つまり、myFuntion関数の中身）は

≡ コード 1-1 ※部分

```
Browser.msgBox('hello world');
```

になっています。これは、以下の意味になっています。

● Browser（画面）に、msgBox（メッセージボックス）を出してね
● 表示させるのは「hello world」だよ

英語がわかれば、なんとなく意味は理解できるのではないでしょうか？

試しに、「hello world」のところを「こんにちは」などの別な言葉に変更して実行すると、

画面に表示される言葉も変わります。ぜひ試してみてください。自分で色々変えてみると、「プログラムのどこが、実行結果のどこにつながっているのか」がわかると思います。

また、ここでの「Browser.msgBox」も「function」と同じく、GASがあらかじめ用意している、「パソコンに命令するための合言葉」です。

命令の後ろについている()の中に入れる言葉のことは、「引数（ひきすう）と呼びます。この例では、Browser.msgBoxという命令に、引数として 'hello world' という文字列を渡している、というような表現をします。引数については第4章で詳しく学習しますので、今は名前だけ覚えておいてください。

GASプログラミングでは基本的に、用意された「命令の言葉」を組み合わせることで、自分のやりたいことを実現していきます。もしやりたいことができる命令がなければ、すでに用意されている命令を組み合わせて自分で作ることもできます。どのような命令が用意されているのか、は本書を通して紹介していきます。

少し高度なプログラムにも挑戦！

もう少し、「プログラムっぽい」サンプルを書いてみましょう。自分が入力した文字列によって、返事を返してくれるボットを作ってみます。

3章でくわしく紹介する、「if文」を使ったコードです。少し長く、難しそうに感じるかもしれませんが、まずは自分で打ち込んでみてください。先程書いた myFunction 関数の下に書いていきましょう。

その際は、以下のプログラミングを書く際の基本ルールにも注意してください。

> **ルール**
>
> ●基本はすべて半角英数記号で入力する
> ●「"（ダブルクォーテーション）」も半角で入力する
> ●日本語の部分（"に挟まれた部分）は全角でもOK

≡ コード 1-2

```
function botSample() {
  const input = Browser.inputBox("好きな食べ物はなんですか?",
  Browser.Buttons.OK_CANCEL);

  if ( input === "カレー") {
```

```
        Browser.msgBox("いいですね!私は辛口が好きです!");
    } else if ( input === "ラーメン" ) {
        Browser.msgBox("醤油、塩、味噌、豚骨などがありますよね!");
    } else {
        Browser.msgBox("すみません、その言葉を理解できません......");
    }
}
```

　書き終わったら「保存」をしてください。次に実行ですが、今は、1つのスクリプトファイルに2つの関数（myFunctionとbotSample）が存在する状態になっていると思います。しかし、GASでは「実行できる関数は、一回につき1つまで」というルールがあります。そのため、複数関数を書いた場合は、実行の際に「どの関数を実行するか」を選択する必要があります。そこで今回は、「botSample」を選択して「実行」します（図1-19）。図1-20、図1-21のように表示がされたら成功です!

【1】botSampleを選択して「実行」する

図 1-19

実行する関数を選択する

```
        ↶ ↷ | 🖫 | ▷ 実行 | ⟳ デバッグ | myFunction ▼ | 実行ログ

                                          myFunction

  1  function myFunction() {              botSample
  2      Browser.msgBox('hello wor
  3  }
  4
  5  function botSample() {
  6    const input = Browser.inputBox("好きな食べ物はなんですか?", Browser.Buttons.OK_CANCEL);
  7
  8    if ( input === "カレー") {
  9      Browser.msgBox("いいですね!私は辛口が好きです!");
 10    } else if ( input === "ラーメン" ) {
 11      Browser.msgBox("醤油、塩、味噌、豚骨などがありますよね!");
 12    } else {
 13      Browser.msgBox("すみません、その言葉を理解できません......");
 14    }
 15  }
```

【2】『好きな食べ物はなんで
すか?』と表示される

【3】「カレー」と入力し、OK
を押すと返事が返ってくる

　会話してるみたいで、楽しくないですか?
　第1章ではくわしい文法は説明しませんが、このボットは「カレー」と「ラーメン」にし
か反応してくれないようになっています。ボットに新しい言葉を覚えさせるには、下記の
ように「else if」を追加することで可能になります。

≡ コード 1-2-2

```
if ( input === "カレー") {
  Browser.msgBox("いいですね!私は辛口が好きです!");
} else if ( input === "ラーメン" ) {
  Browser.msgBox("醤油、塩、味噌、豚骨などがありますよね!");
} else if ( input === "ハンバーグ" ) {
  Browser.msgBox("私も大好きです!!");
} else {
  Browser.msgBox("すみません、その言葉を理解できません......");
}
```

これで「ハンバーグ」にも返事してくれるようになりました。カレー、ラーメン、ハンバーグ、以外の言葉に対しては「理解できません……」と返事をしてくれます。このプログラムの応用で、たとえば以下のようなプログラムが作れます。

- 都道府県を入力すると、県庁所在地を教えてくれる
- 生年月日を入力すると、星座を教えてくれる
- 目的地を入力すると料金を教えてくれる（きっぷの自動販売機）

さて、第1章では「こんな事ができます」という紹介として、プログラムのほんの一部分の体験をしてもらいました。

たったこれだけでも、自分が書いたものが思ったとおりに動くのって、楽しくないですか？　さらに、第2章以降での学習によって、自分が書いたプログラムが自分、あるいは誰かのためになるとしたら、嬉しくないですか？

プログラムを職業としている人はもちろんですが、技術が進んだことにより、プログラミングスキルを身につけ、それを実務で活かすことは容易にできるようになってきています。いってしまえば誰でも、「プログラムを書ける／使える」時代になっているのです。

特に、本書で説明するGASは、仕事やプライベートでGoogle Workspace（旧G Suite）を使っているのであれば、いつでも使える環境にあります。

本書を手に取っていただいたみなさんは、おそらく実務でGoogleスプレッドシート、Gmail、Googleドキュメント、Googleスライドなどを使っていると思います。それらの作業をGASで自動化できるかもしれない、という発想ができるようになってくれると嬉しいです。

章のまとめ

ついてきて
くださいね！

この章ではイントロダクションとして、「GASプログラミングを始める前に必要な準備（いわゆる「環境設定」。とはいっても、GASの場合は今回のようにスプレッドシートを1つ作れば、そこにGASを仕込むことができます）」と、「書いて、実行して、結果を見る」というプログラミングの基本のサイクルを知ってもらいました。

「プログラムって難しそう」「英語と記号が並んでて、見てもさっぱりわからない」という印象を持っている方は多いと思いますが、本書ではここまでのように、図表を多めに使い、できるだけていねいな説明をしていきますので、安心してください。

「概念図」と「フローチャート」で振り返ってみよう

先に、好きな食べ物を聞いてくるボットの例を出しました。あのプログラムを、最初に説明した「概念図」と「フローチャート」で表現するとどうなるか、考えてみてください（図1-22、図1-23）。

図 1-22　概念図（ボットプログラム版）

図1-23 ボットプログラムのフローチャート

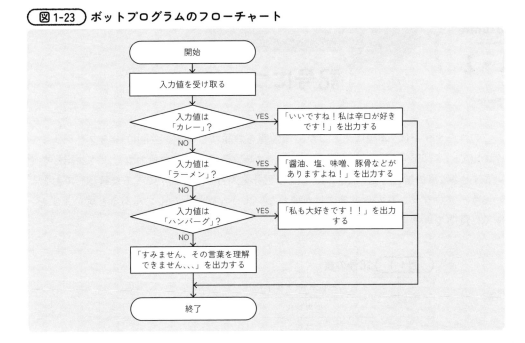

近い図を思い描けたでしょうか？　今回は「振り返り」で図を書きましたが、本来はプログラムを書く前に、こういった図を書くと、プログラムを書くための土台にできます。

　次章以降からは、本格的に「プログラミングの世界」に入っていきます。確かに覚えることは少なくないかもしれませんが、一つのプログラミング言語の基本が理解できれば、他の言語にも容易に応用できますし、大げさかもしれませんが「モノの見方」が変わっていきます。今のように、概念図やフローチャートを書くだけでも、「あのシステムはきっとこうやって動いているのだろう」「データはこういう形にしたほうが扱いやすそうだ」など、普段の業務で役に立つ、より効率的に処理するための発想が生まれると思います。

ここも重要!

記号について

すぐに入力
できるように!

　このコーナーでは、本編に入らなかった情報をお届けします。今回はGASプログラミングで出てくる「記号」について紹介します。プログラムでは普段使わないような記号を使います。第2章の学習を始める前に、下記の記号を入力することができるか確認しておきましょう。プログラムをするときにしか使わないような記号もたくさんあると思いますが、すぐに反応できるようにしておきましょう！

表1-1　記号の表

記号	名称	入力方法
.	ピリオド（ドット）	
,	カンマ	
:	コロン	
;	セミコロン	
_	アンダースコア	shift ＋ ろ
-	ハイフン、マイナス	
+	プラス	
=	イコール	
?	クエスチョンマーク	
<	小なり	
>	大なり	
'	シングルクオーテーション	
"	ダブルクオーテーション	
`	バッククオート	shift ＋ @
/	スラッシュ	
\	バックスラッシュ（あるいは¥マーク）	
*	アスタリスク	
&	アンパサンド	
		パイプ	shift ＋ ¥
{}	波カッコ	
()	丸カッコ	
[]	角カッコ	

※日本語キーボードの場合

第2章

日報送信を
自動化したい！

〜 GAS でスプレッドシートを
操作する

この章でできる ようになること

GASの基本構文を 学びます

第2章から、本格的にGASの文法を学んでいきます。しかし、ただ文法を覚えるだけではつまらないですよね。そこで本書では、

- みなさんの実務でもありそうな、自動化できる課題（やりたいこと）の提示
- 課題を解決するために必要な、プログラム要素の説明
- 最後に、学んだ要素を組合せて完成形のプログラムを作る

という順番で解説していきます。みなさんもサンプルコードを入力、実行していきながら理解を深めてください！

この章ではサンプルを通して、「スプレッドシートに書かれている情報をメールで送信する」ことができるようになります。また、プログラムを書く前の準備としての「要件定義」についても、本章で紹介します。スプレッドシートの情報をメールで送信するためには、

- スプレッドシートに存在する値を取得する
- その情報をメールで送信する

ことが必要になります。具体例として、「営業進捗管理の日報送信」を考えてみました。

課題：日報送信の自動化

ある会社では毎日の「受注件数と売上金額」をGoogleスプレッドシートで管理しています。本課題では、サンプルデータの「営業進捗」のシートを利用します（図2-1。サンプルデータについては巻頭参照）。

そして営業サポート職であるハルカさんが毎日、「このシートの受注件数と売上金額を、営業部のメーリングリストに送信する」作業をしているとします。具体的には、以下のような業務です。

- 毎朝8時台にメールを送信する
- 宛先は xxx@xxx.xx
- 件名は「営業進捗報告」
- 本文は図2-2

図 2-1) 営業進捗管理表

日付	受注件数	売上金額
6/1	5	40000
6/2	7	70000
6/3	10	110000
6/4	5	53000
6/5	2	30000
6/6	7	70000
6/7	3	30000
6/8	5	46000
6/9	6	72000
6/10	6	64000
6/11	5	49000
6/12		
6/13		
6/14		
6/15		
6/16		
6/17		
6/18		
6/19		
6/20		
6/21		
6/22		
6/23		
6/24		
6/25		
6/26		
6/27		
6/28		
6/29		
6/30		
合計	61	650000

営業部_営業進捗管理表

+ ▦ 営業進捗 ▾

図 2-2) メールの文面

宛先

営業進捗報告

営業メンバー各位

お疲れ様です。ハルカです。
昨日までの営業進捗情報を送信します。

受注件数：61件
売上金額：650000円

以上、よろしくお願いします。

ハルカ

ハルカさんは毎朝この作業をおこなうのがルーチンワークになっています。作業時間としては1回2〜3分の、「単純で、簡単なお仕事」です。営業メンバーがこの情報を元に会議をおこなうので重要な情報ではあるのですが、毎日手作業でメールを送るのは、どこか「ムダだなー」と感じているようです。

（皆さんにはこの本を読み終わったあとには、「Googleスプレッドシート、Gmail、ドキュメント、Googleドライブなどを使った単純作業はGASで自動化できるのでは？」という発想ができるようになってほしいです！）

上のハルカさんの例はごく単純化したものですが、みなさんの身の回りにも同じような業務はありませんか？　作業報告、進捗報告、日報、日誌など、「毎日決まった時間に、値は違うけど本文は同じで、情報共有のためのメールを送る必要がある」もの。その中でも今回のような、「Googleスプレッドシートの特定の場所にある情報を、決まったところに通知（メール）する」という種類のものは、「自動化すべきポイント」になります。

スクリプトエディタを作成しよう

　これから、課題を解決するプログラムを作るために必要な文法を学習していきますが、そのまえにプログラムを書くファイルになる「スクリプトエディタ」を用意しましょう。第1章で作成したスプレッドシートを使用し、スプレッドシートから「ツール→スクリプトエディタ」を選択　→　「ファイルの＋マークをクリック→スクリプト」を選択し、スクリプトファイルを新規作成します。名前は「第2章」にしておきましょう。図2-3では『プロジェクト名』（「Apps Script」の隣の記入欄）」を「GAS入門」に変更しています（プロジェクトについてはこの後説明します）。

図 2-3 プロジェクト名を「GAS入門」に

GASプログラミングの大前提！
「関数」

GASでは関数を
実行します

「関数」は処理内容ごとに作る

復習になりますが、1章ではmyFunction()という「関数」を実行しました。

> ☰ コード1-1 ※再掲

```
function myFunction(){
  Browser.msgBox('hello world');
}
```

他のプログラミング言語ではいらない場合もあるのですが、GASの場合はプログラムを実行するときには「関数を作って、実行する」ことが必要です。

「関数」とは、固い名前が付いているのですが、簡単にいってしまえば「何かを入れると、処理をして、結果を出力してくれる」ものです。第1章で説明した、プログラミングの概念図の「処理」の部分が関数にあたります。たとえば「金額を入れると、税込み価格（税率10%）を出力する関数」であれば、図2-4のイメージです。

図2-4 税込み価格のプログラムの概念図

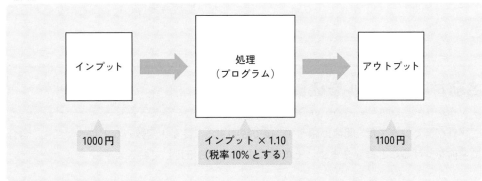

「関数」は「処理内容（役割）ごと」に作成し、名前を付けるのが基本です。たとえば「メールを送信するための関数」であればsendMail()という名前の関数を作り、関数の中にメールを送信する処理を書くことになります。

　ちなみに、最後についている「;（セミコロン）」は、「ここでプログラムの一文が終わりますよ」という合図です。実はGASでは、文末のセミコロンはなくても動くのですが、本書ではわかりやすいよう、セミコロンをつけています。

関数を実際につくってみよう

　それではここからプログラムの基本を理解するために、いくつか関数を書いて、実行しながら動作を確認していきましょう。

　まず、コード2-1のように書くことで、「testFunc()という名前のfunction（＝関数）を作りますよ」という意味になります。

≡ コード 2-1

```
function testFunc() {
}
```

　名前（testFunc）の部分は、基本的には自分の好きにつけることができます。

　関数の中身、つまり処理を書く部分は { から } の間に記述する必要があります。関数名の後ろについている () が何なのかは、第4章の「関数」で説明するので、いまは気にしないでください。

　試しに、スクリプトエディタにコード2-1を書いて保存し、testFunc()関数を選択して実行するとどうなるでしょうか。結果は「何も起こらない」です。これは、関数の中身である { から } の間に何も書かれていないため「何もしない関数を実行した」ことになるからです。

名前付けのルールを確認しよう

　プログラミングでは、関数に限らず、後で説明する「定数・変数」などについても、自分で名前をつけることになります。その際の注意点をお伝えしておきます。

「名前」に使える文字種が決まっている

先ほど、「関数の名前は基本的に自分の好きに付けられる」とお伝えしましたが、実は、いくつかの制限が存在します。

まず、「名前として使える文字」として、以下の制限があります。

> **ルール**
>
> ● 数字以外の文字かアンダースコア（_）、またはドル記号（$）から始まる（ハイフンは使えません）
> ● それに続く文字は数字（0-9）も使える
> ● 大文字と小文字は区別する（たとえば、testFunctionとTESTFUNCTIONは別のものとしてみなされます）

「予約語」は名前にできない

それからもう1点、GASには「予約語」というものが存在します。たとえば先ほど出てきたfunctionや、第1章のボットプログラムで使ったif, 後に説明するconstなどが予約語にあたります。これらは「プログラムとして使い方が決められている言葉」のため、関数名や、定数・変数（本章で後ほど説明）などには使用できません（表2-1）。

表 2-1 予約語の例

break	export	super	case	extends	switch	catch
finally	this	class	for	throw	const	function
try	continue	if	typeof	debugger	import	while
var	default	in	void	delete	instanceof	do
new	with	else	return	yield		

※ GASは、プログラム言語として日々進化しているので、将来的に予約語が追加、削除、変更されていく可能性もあります。

未来の自分のために「コメント」を残しておこう

下記のプログラムでは、プログラムの実行には影響しない「コメント」が書かれています。

```
/*
   複数行の
   コメントを
   書くことができます
*/
function testComment() {
  const x = 3; // x に 3 を入れる
  const y = 5; // y に 5 を入れる

  console.log(x+y); // x+y の結果をログに出力する
}
```

この機能を使うことで、プログラムの中にメモを残すことができます（プログラムの内容は次項で説明しますので、ここでは「コメント」に注目してください）。コメントのルールは下記のとおりです。

ルール

【複数行にわたるコメント】
/*から始まって、*/で終わる。複数行のコメントも書ける。

【1行のコメント】
//の後ろに書かれた1行分（改行までが1行）

コメントの使い方

コメントは、はじめのうちは「そのプログラムで何をやっているのか」などを書くための「自分用メモ」として使うといいと思います。

ただし、上級者になってくると「何をやっているのか」はプログラムを見ればわかるので、「コメントとコードのどちらにも同じことが書かれていて、コメントが無駄」と感じたり、無駄ならまだしも「プログラムを後から修正したのに、コメントにはそれを反映していない」といった事が起こった際に、将来の自分あるいは他人が見た時にコメントとプログラム本体がずれていて混乱を招いてしまう恐れがあります。

プログラミングにおいてコメントをどう活用するか、というのは多くの議論がされていますので、Webで調べてみると面白いです。ただ初学者のうちは、「自分にとって役に立つ」と思ったら書けばいいと思います！

関数の注意点

1つのプロジェクトの中に、同じ名前の関数を作らない

GASのスクリプトエディタは、1つの「プロジェクト」の中に、複数の「スクリプトファイル」を作成できます。

みなさんに作成してもらっている、「GAS入門」が「プロジェクト」です。一方で、その中に作っている「第1章.gs」「第2章.gs」などが、「スクリプトファイル」にあたります（図2-5）。

図 2-5 プロジェクトとスクリプトファイルの関係

これを簡略化すると、次のような関係です。

プロジェクトA
　　└ **スクリプトファイル1**
　　└ **スクリプトファイル2**
　　└ **スクリプトファイル3**

このとき、「sample」という名前の関数が、スクリプトファイル1、2両方にあったとします。このときに、スクリプトファイル2のsample()関数を実行すると、どういう挙動になるでしょうか？　実験の結果は、以下のとおりでした。

● スクリプトファイル2にあるsample()関数を実行すると、スクリプトファイル
　2のsample()関数が実行される　→　ここまでは予想通りの動き

● スクリプトファイル1にある sample() 関数を実行すると、スクリプトファイル2の sample() 関数が実行される　→　予想していない動き

※スクリプトファイルを作成する順番によっても実行結果が変わる可能性があります

　つまりこれだと、「スクリプトファイル1にある sample() 関数」は、どうやっても実行できないことになってしまいます。

　しかも、予想していない動きの場合も、「エラー」は出ずに、プログラムは実行されて正常に終了してしまいます。プログラムのルール上は問題ないからです。つまり、意図していない挙動になっていることについては、自分で気付くしかないのです。同じ関数名が複数あることに気づかないと、「実行している関数には問題がないはずなのに結果が異なっている」という事態になり、混乱することになります。

　1つのプロジェクトの中にスクリプトファイルが増えてくると、過去に書いた関数と同じ名前の関数を作ってしまうかもしれませんので、注意しましょう。仮に今後、エラーは出ていないのに、意図した結果にならないことがあれば、同じ関数名が存在しないか確認してみてください。

　では、次から関数の本体に書く内容を学んでいきましょう。

「定数」「変数」は箱で理解！

箱に名前を付け、値をいれるイメージ

関数の「中身」になるプログラムを書いて実行してみよう

まずは、「x＝3　y＝5　のときの、x＋yの値」という、簡単な算数の計算をしてみましょう。

≡ コード 2-3

```
function testAdd() {
  const x = 3;
  const y = 5;

  console.log(x+y);
}
```

第1章でやったように、これをスクリプトエディタに書いて保存し、関数を選択して実行してみましょう。このとき、過去に書いたコード（testComment()関数など）は残しておいて、その下に続けてtestAdd()関数を書いてもOKですし、実行しない関数は削除してしまっても問題ありません。

プログラムのログを見てみよう

上記のtestAdd()関数を実行すると、「実行ログ」が表示されます（図2-6）。

「ログ」とは、プログラムから出力された情報の記録です。今回は8が出力されていれば成功です！　8の左に書かれているのはプログラムの実行時刻です。

図 2-6　実行ログの表示場所

ここにログが出る

出力の仕方はいろいろある

ここで疑問に思う方もいるかもしれないため、「実行結果」についての補足です。第1章で出てきた以下のコードは、図1-17のように、メッセージボックス（msgBox）として、スプレッドシートの画面上に表示されていました。

≡ コード 1-1 ※再掲

```
function myFunction(){
  Browser.msgBox('hello world');
}
```

図 1-17 ※再掲

一方で今回は、スクリプトファイルのログの方に出力結果が出ています。これは、使っている命令、つまり Browser.msgBox('hello world'); と、console.log(x＋y); の違いによる物です。

ルール

- Browser.msgBox(); は()内をメッセージボックスとして出力する
- console.log(); は()内をログに出力する

それではなぜコード2-3のように記述すると計算ができるのか？　を見ていきましょう。

箱を作る合言葉「const」

はじめに、2行目の以下のコードです。

```
const x = 3;
```

これは言葉にすると「定数xを宣言し、3を代入する」という意味です（図2-7）。

図 2-7 定数は箱のイメージ

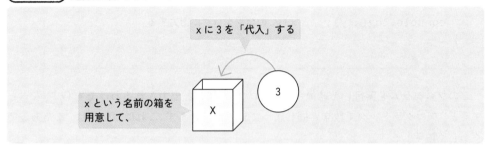

「定数」というと難しく聞こえると思いますが、図のように「何かを入れる箱を作る」イメージでとらえれば問題ありません。constとは、functionと同じくGASが用意してくれている「命令の合言葉」で、「これから箱（＝定数）を作るよ」という意味です。作りたい定数の名前をconstの後ろに半角スペースを入れて書きます。また関数と同じく、名前は自分で決めることができます。

　次に、定数の次に書かれている「＝」に注意しましょう。普段の生活において＝（イコール）は「左辺と右辺が同じである」という意味で使われますよね。しかしながらGASを含むプログラム言語の世界では、イコール記号は「右辺を左辺に代入する」という意味になります。「代入」はわかりやすくいうと「入れる」にあたります。先ほど図で示したように「箱に入れる」とイメージしてもらえるといいと思います。

　次に、yに5を代入する一文も加えます。

≡ コード 2-3 ※部分

```
function testAdd() {
  const x = 3; // x に 3 を入れる
  const y = 5; // y に 5 を入れる
}
```

//の後に書いた文章は、前項で紹介した「コメント」です。そして最後に、結果を出力するconsole.logの1行を加えて完成です。

コード 2-3 ※再掲

```javascript
function testAdd() {
  const x = 3; // x に 3 を入れる
  const y = 5; // y に 5 を入れる

  console.log(x+y); // x+y の結果をログに出力する
}
```

このプログラムを実行した結果として、ログに「8」と出力されるわけです（x+yなどとすると、プログラミングで数学と同じように計算ができます。これについては、またあとでくわしく説明します）。

ここまでで「function（＝関数を作るよ）」「const（＝定数／箱を作るよ）」「console.log（ログに出力するよ）」という命令を組合せて計算を実行することができました。

このようにプログラミングとは「用意されている命令文」を組合せて自分がやりたいことを実現していきます。これら命令を覚える必要はありません。必要なときに調べて使えることが大事です。

「変数」は上書きできる箱

先程は「定数」を紹介しましたが、「変数」というのもあります。定数はconstですが、変数はletという命令をつかいます。その違いを見ていきます。下記のコードを書いて実行してみましょう。

コード 2-4

```javascript
function testValiable() {
  let x = 10; // let を使う
  x = 20;
  console.log(x);
}
```

ログには「20」と表示されているはずです。testValiable()関数では、以下の処理をおこ

なっています。

- xという箱を作って10を入れる
- そのxに今度は20を入れる（10が20で上書きされる）
- xの中をログに出力する

　違いを把握するために、試しにconstでも同じコードを実行してみましょう。すると、図2-8のようなエラーが出るはずです。

≡ コード 2-5

```
function testConstant() {
  const x = 10; // const をつかう
  x = 20; // const で宣言したxを上書きしようとする
  console.log(x);
}
```

図 2-8 エラー画面

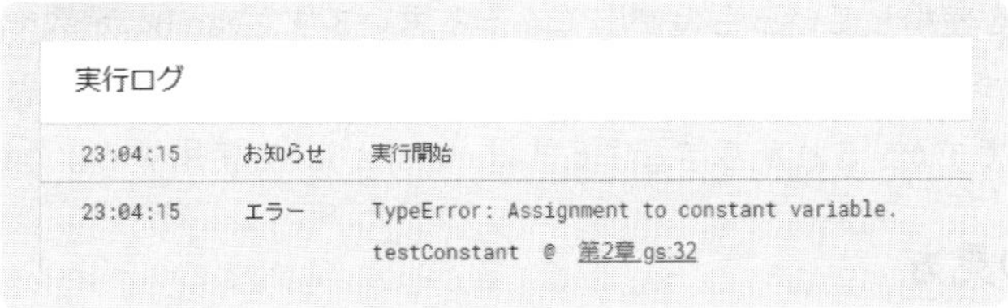

実行ログ		
23:04:15	お知らせ	実行開始
23:04:15	エラー	TypeError: Assignment to constant variable.
		testConstant @ 第2章.gs:32

　このエラーが起こったのは、const（定数）とlet（変数）には次の決まりがあるのです。

ルール

- constは「定（まった）数」だから、上書きすることはできない
- letは「変（わる）数」だから、上書きすることができる

　コード2-5の場合、constで宣言されているため上書き（再代入）してはいけないxに、20を代入しようとしていることになります。そのため、「それはできないよ」と教えてくれているわけです。

「それなら自由に上書きできるletだけ使えば、エラーが出なくていいんじゃないの?」

　と思いますよね。しかしながら、「constが基本。上書きが必要なときだけlet」がセオリーです。なぜなら、全体のプログラムを通して、変更がおきない／したくない値（たとえば消費税率などでしょうか）を定数にしておけば、何らかのミスで数字が上書きされてしまうことを防げるからです。

　いっぽうでletは「上書きが必要なとき」に使用します。この仕様を利用して、「空っぽの箱だけ作って、後から値を代入する」ことができるのも、constにないletの特徴です。

≡ コード

```
let x ; //「x」という名前の空っぽの箱を作る
x = 1 // xという箱に1を代入する
```

　letを使うとき、つまり「上書きが必要なとき」とは具体的にどんな場面かは、次章で説明します。

　また補足として、WebでGASの情報を検索すると、定数・変数の宣言のときに、constやletではなくvarを使用しているものが出てくると思います。varも、定数や変数を宣言するための命令の一つなのですが、これは「古いJavaScriptの書き方」だと思ってください。今でも使えるのですが、これから学習する人はconstかletを使用するようにしましょう。

エラー画面の見方

　図2-8で、エラー画面の見方も覚えてしまいましょう。「エラーの内容」と、「どこでエラーが起こったのか」の情報が表示されています。「TypeError〜の赤い文字」がエラーの内容、エラーメッセージの最後の「第2章.gs:32」が、エラーが起こった場所を指しています。つまり、このメッセージの意味は「第2章.gsというスクリプトの32行目でエラーが出ています」ということです（このサンプルでは32行目にconstで宣言したxを上書きしようとしており、ここでエラーになっています）。エラーが起こると、そこでプログラムは終了してしまいます。そのため、その次にあるconsole.log(x)は実行されていません。

プログラム上で
文字列を扱う方法

文章を作って
みましょう

文字列はクオーテーションでくくる

定数、変数には数字だけでなく、「文字列」を代入することもできます。「文字列」とは、第1章で出てきた下記のhello worldのように、「プログラム内で扱う文字(列)」のことです。

≡ コード 1-1 ※再掲

```
function myFunction(){
  Browser.msgBox('hello world');
}
```

GASの中で文字列を扱うときには「シングルクオーテーション、ダブルクオーテーション、バッククオート」のいずれかでくくることが必要になります。

≡ コード 2-6

```
function testString() {
  const text1 = "あいうえお"; // ダブルクオーテーション
  const text2 = 'かきくけこ'; // シングルクオーテーション
  const text3 = `さしすせそ`; // バッククオート

  console.log(text1);
  console.log(text2);
  console.log(text3);
}
```

文字列をくっつける方法

異なる文字列を「くっつける」ことで一つの文字列にすることもあります。たとえば、「こんにちは」と「太郎さん」という二つの文字列があったとき、「こんにちは太郎さん」という一つの文字列を作る、という意味です。これは、「文字列連結」「文字列結合」と言ったりします。ここでは、2つのやり方を紹介します。

文字列をくっつける方法① ： ＋記号でつなぐ

1つ目のやり方は「文字列同士を＋（プラス）記号でつなぐ」です（＋記号は半角で！）。

▤ コード 2-7

```
function testString_2() {
  // 文字列を連結する
  console.log('こんにちは' + '太郎さん');

  // 改行は \n で表現できる
  console.log('今日はとても\nいい天気ですね!');
}
```

▶ ログ

こんにちは太郎さん
今日はとても
いい天気ですね!

「こんにちは」と「太郎さん」が連結されて出力されていますね。改行を入れたい場合は、改行したい箇所に「\n」と書くことで改行が表現できます。

また文字列を定数・変数に代入したとき、「その定数・変数同士や、その定数と文字列を

連結して、結果を出力する」ことも可能です。これを利用して、以下のように文字列と定数
や変数を組合せて、一つの文章を作ることができます。

コード 2-8

```
function testString_3() {
  const firstName = '太郎';
  const lastName  = 'Google';

  // 文字列を連結する
  console.log('こんにちは' + lastName + firstName + 'さん');
}
```

▶ ログ

こんにちはGoogle太郎さん

クオーテーションの扱いに注意しよう

文字列と定数・変数を同時に扱う際はミスが多くなるため、注意が必要です。たとえば
今のコードで、最後のログ出力の命令を次のようにしてしまうと、「lastName」なども「文
字列」として出力されてしまいます。

≡ コード

```
console.log('こんにちは+ lastName + firstName +さん');
```

▶ ログ

こんにちは+ lastName + firstName +さん

これは、「クオーテーションの中に定数が入ってしまっている」状態ですが、この書き方
だと、lastNameもfirstNameも「定数」ではなく「単なる文字列」として認識されてしま
うため、そのまま出力されています。

これを回避する考え方のポイントとしては、「文字列」と「定数・変数」を意識して分け、
クオーテーションに含める範囲を明確にすることです。今回の場合は、「こんにちは」と

「さん」は文字列で、lastNameとfirstNameは定数です。そのため、以下の書き方になるのです。

```
console.log('こんにちは' + lastName + firstName + 'さん');
```

文字列をくっつける方法② ： テンプレートリテラル

文字列をくっつける2つ目のやり方は「テンプレートリテラルを使う」です。さきほどみた以下の1行は、「文字列」と「定数」がくっついていました。

```
console.log('こんにちは ' + lastName + firstName + ' さん');
```

これがもっと長い文章になると、「どこがクオーテーションでくくる必要がある文字列で、どこがくくらなくてもいい定数・変数なのかごちゃごちゃしてしまう」ということが起こります。そこで、もっとスマートに文字列を扱うために使えるのが「テンプレートリテラル」です。

使い方のルールは、次の2つです。

ルール
- 文字列全体をバッククオートでくくる
- 文字列の中で変数・定数の部分を${ 変数名 }にする

便利な点として、バッククオートでくくられた文字列は、プログラム上で改行すると、それもそのまま表現されます。そのため改行するために「\n」を書く必要がありません。

```
function testString_4() {
  const firstName = '太郎';
  const lastName  = 'Google';
```

```
    // テンプレートリテラルは「バッククオート」であることに注意！
    console.log(`こんにちは${lastName}${firstName}さん
今日はとてもいい天気ですね！`);
}
```

▶ ログ

こんにちはGoogle太郎さん
今日はとてもいい天気ですね！

　プログラムで文字列を使う機会はとても多いので、どちらの方法でも書けるよう慣れて
おきましょう。

算術演算子
～足したり、引いたりを GASでおこなう

数値計算を
してみましょう

算術演算子と書くと難しそうに感じるかもしれませんが、簡単にいうと「計算するときに使う記号」のことです。

たとえば、すでに登場した、以下の「＋」も算術演算子です。

≡ コード

```
console.log(x+y);
```

このコードでは、「xとyを足す」ことをしました。同様にプログラムでは、四則演算が可能です。

≡ コード 2-10

```
function testCalculation() {
  const tasu   = 10 + 20;
  const hiku   = 30 - 20;
  const kakeru = 2 * 3;
  const waru   = 10 / 5;
  const amari  = 10 % 3;

  console.log(tasu);   // 30 が出力される
  console.log(hiku);   // 10
  console.log(kakeru); // 6
  console.log(waru);   // 2
  console.log(amari);  // 1 (10を3で割った時の余り)
}
```

表 2-2　算術演算子の一覧（一部）

演算子	意味
+	左辺と右辺と足す
-	左辺から右辺を引く
*	左辺と右辺をかける
/	左辺を右辺で割る
%	左辺を右辺で割ったときの余り

　足す（+）、引く（-）は算数と同じ記号ですが、かける（*）、割る（/）はプログラムならではの記号なので注意です。「割る」をしようとして、「÷」と入力してもエラーになってしまいます。

　%は「余り」を出力します。たとえば、10 % 3と書くと、「10を3で割った時の余り」を計算して「1」を出力します。これはたとえば、「偶数（奇数）の判定」のときに活躍します。

　たとえばnumberという変数に整数が入っており、この変数が「偶数かどうか」を判定したい、というケースがあるとします。この場合、number % 2が0であれば、numberは偶数だとわかる、といった使い方です。

　算術演算子についてもっと詳しく知りたい人は「JavaScript　算術演算子」で検索してみてください。GASはJavaScriptをベースにした言語なので、仕様はJavaScriptと共通しています。

客観的にわかる名前付けをしよう

　さきほどのコード2-10では、「足し算」をする定数には「tasu」、「引き算」をする定数には「hiku」......と、わかりやすい名前をつけていました。

　プログラムでは定数や関数の名前など、自分で決めることになりますが、その際は「それが何を表しているのか」をわかるように命名することがとても大切です。たとえば何かの値段を定数で表す際に、「price」を名前に含めておけば、あとあと「これは何かの値段のことなんだな」と認識できます。単にpriceと名前付けをするより、「bookPrice」など、それが「何の値段なのか」をわかるようにしておいたほうが、よりわかりやすくなるでしょう。

　くわしく知りたい方は、ぜひ「プログラミング　いい命名」などで検索してみてください。

理解度確認テスト❶
平均点を計算しよう

チャレンジ
してみよう！

ここまでは本書に載っているプログラムを「写経」してもらっていたと思います。ここでは、これまで学んだことが身についているかの確認テストをおこないます。

本書を見返したりWebで調べたりするのはOKなので、ぜひチャレンジしてみてください！

問題

国語（kokugo）、算数（sansu）、英語（eigo）の点数が下記のように与えられているとします。この平均値（average）を出力するプログラムを書いてください。枠内の部分に自分でコードを書き、最後のconsole.log(average)が実行されることで、平均値の80が出力されればOKです（解答例は、ダウンロードで提供します。詳細は巻頭を参照してください）。

≡ コード 2-11

```
function averageTest(){
  const kokugo = 80;
  const sansu  = 100;
  const eigo   = 60;



  console.log(average);
}
```

ここにコードを書いて、
3教科の平均点が
出力されるようにしてください

Googleスプレッドシートの データをGASで取得しよう

スプレッドシート
を操作します！

GASの世界とGoogleスプレッドシートの世界

ここまでに出てきたサンプルコードは、すべて「GASの世界」（※こういう言葉があるわけではなく、著者のイメージです）で起こっている出来事でした。

一方で、実務では

● Googleスプレッドシートから GASの世界に値を取ってきたり
● GASから Googleスプレッドシートに値を書き込んだり

する必要があります。そのために、「GASの世界から Googleスプレッドシートを操作するための道具、方法」が用意されています（図2-9）。

図 2-9 GASの世界と Googleスプレッドシートの世界

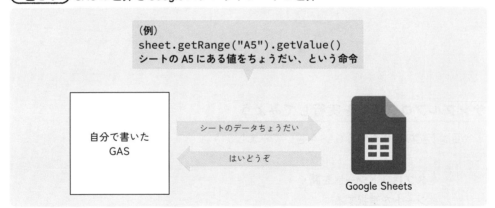

（例）
sheet.getRange("A5").getValue()
シートの A5 にある値をちょうだい、という命令

シートのデータちょうだい

はいどうぞ

自分で書いた
GAS

Google Sheets

それではこれから実際に Googleスプレッドシートを操作してみましょう。

Googleスプレッドシート操作の前準備

具体的に、GASでGoogleスプレッドシートの何を操作できるのでしょう？　たとえば、

- Googleスプレッドシートを開いて
- シートを選んで
- セルを選択して
- 値を入力する

といった操作を普段の業務でおこなっていると思います。これをプログラム（GAS）にやらせてみましょう。そのための準備として、以下をおこなってください。

- スプレッドシートに「シートを追加」し、シート名を「第2章サンプル」にする（図2-10）
- A1セルに自分の名前を入力する

図 2-10 シートを追加

サンプルプログラムを実行してみよう

今回は下記の操作をするGASを書いてみましょう。

- スプレッドシートを開く
- シートを選択する
- A1の値を取得して、
- B1に「○○さん、こんにちは！」を出力します。

まずは「第2章.gs」に下記のコードを書いて実行してください。

```
≡ コード 2-12

function helloSheet() {
  const ss    = SpreadsheetApp.getActive();
  const sheet = ss.getSheetByName("第2章サンプル");
  const a1range = sheet.getRange("A1");
  const name  = a1range.getValue();
  const text  = name + "さん、こんにちは!";
  const b1Range = sheet.getRange("B1"); // Rangeを取得
  b1Range.setValue(text); // 値をセット
}
```

おそらく初めてプログラムを書く人は

```
≡ コード

SpreadsheetApp.getActive()
getSheetByName()
```

などを見て、

「うっ、英語だ。よくわからない......」

となると思います。でも、安心してください。すべてを覚える必要はありません。繰り返しになりますが、これらは「スプレッドシートを操作するために用意されている命令」です。よく使うものは「定型文」として自然と覚えていくと思います（それぞれがどういう意味なのかは後ほど説明します）。

もし覚えていなくても「こういうときはどう書くんだっけ?」と調べることができれば問題ありません（実際、私も調べることが多いです）。

GASに関わらず、プログラミング言語は英語を元に作られているものが多いので、多少の英語力は必要ですが、義務教育レベルの英語力があれば十分対応できると思います。

さて、この関数を実行すると、図2-11のようになります。

図 2-11 出力結果

	A	B	C	D
1	GAS太郎	GAS太郎さん、こんにちは！		
2				
3				

B1セルに「○○さん、こんにちは！」と出力されていますね。

出力の結果がこれまでと違い、ログではなく、「第2章サンプル」シートのB1のセルに出ていることにも注目してください。これはコード2-12が、「Googleスプレッドシートの世界にアクセスして値を取得＆出力」させるものだからです。

Googleスプレッドシートの構造

さてここで、Googleスプレッドシートの世界がどうなっているのか知っておきましょう（図2-12）。

図 2-12 Googleスプレッドシートの世界

Googleスプレッドシートは、次のような階層構造になっています。

- Googleのサービスである「SpreadsheetApp」（Appはアプリケーションの略）が一番上位に存在する
- その中にそれぞれの「スプレッドシート」が存在する
- スプレッドシートの中には「シート」が存在する
- シートの中には「レンジ」が存在する

「レンジ」とは、聞き慣れないかもしれませんが「セルの範囲」のことです。具体的にいうと、「A1:D4」は「A1からD4までの範囲」を指しますし、「A10」で書いた場合は、「A10と

いう1つのセルの範囲」を指しています。

そして、この「スプレッドシートアプリケーション（SpreadsheetApp）」「スプレッドシート（Spreadsheet）」「シート（Sheet）」「レンジ（Range）」それぞれに対して、GASが用意した命令が、別々に存在しています。このとき、「SpreadsheetAppが持っている命令群」のことを「SpreadsheetApp クラスが持っているメソッド」という呼び方をします。これについては「そんな風に呼ぶんだな」というぐらいに思っておいてください。

GASからGoogleスプレッドシートを操作する際には、「どの階層をどう操作したいか」によって、使う命令（メソッド）が変わります。

また、GASを使ってあるシートのあるセルを指定するときには、上記の図で「大きな階層から小さな階層に順番に指定」をします。

これは普段、普通にGoogleスプレッドシートを誰かと一緒に使うときとと同じです。たとえば

「Aスプレッドシートの、Bシートの、C10のセルを見てください」

といった会話をすることで間違いなく同じ場所を見ることができますが、プログラムに対してもこれと同じ指示をすることになります。

なお、ちょっとした工夫ですが、図2-13のように「スプレッドシートを表示するウィンドウ」と「スクリプトエディタを表示するウィンドウ」を並べて開いておくと作業がしやすくなります。

図 2-13　横並びにウィンドウを置く

スプレッドシートに対する命令文を覚えよう

アクティブなシートを取得する

　ここからは、helloSheet()関数のコードをもとにして解説します。まず最初のたった1行で、図2-14の操作をしています。

≡ コード 2-12 ※部分

```
const ss    = SpreadsheetApp.getActive();
```

図 2-14 コードの説明図

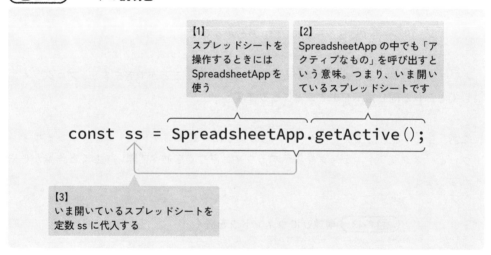

　このとき、SpreadsheetApp.の後ろの「getActive()」は、Googleスプレッドシートアプリケーションが持っている「命令（メソッド）」です。getActive()のほかにもいろいろな合言葉が用意されており、「.（ドット）」でつなげて書くことで、Googleスプレッドシートアプリケーション対して命令を出すことができます。「.（ドット）」は、「〜に対して」と理解するとわかりやすいと思います。

　この1行の処理が終わると、ssという箱の中に、「いま開いているスプレッドシート」が入ります（図2-15）。

図 2-15 ss にスプレッドシートが入る

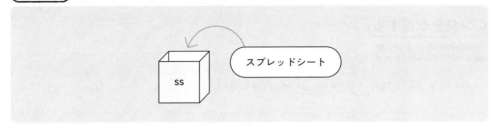

シートを取得する

次の一文の説明に移ります（図2-16）。

≡ コード 2-12 ※部分

```
const sheet = ss.getSheetByName("第2章サンプル");
```

図 2-16 コードの説明図

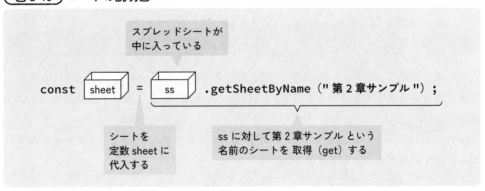

ss.xxx()は、「定数ssに対してxxx()の命令をする」という意味です。

今回はss（に入っているアクティブなスプレッドシート）に対してgetSheetByName("第2章サンプル")という命令をしています。これは、

「シート名が第2章サンプルであるシートを取得（get）してね」

という意味です。getSheetByName()は、Googleスプレッドシートに対してGASが用意している命令（メソッド）です。（）内で指定した名前のシートを取得することができます。英語として読めば理解できますよね。

069

さらにconst sheetで、取得したシートを、定数sheetに入れています。

レンジを取得する

≡ コード 2-12 ※部分

```
const a1range = sheet.getRange("A1");
```

次の一文も同じ構造で、

「sheetからA1の範囲（＝レンジ）を取得（get）して、定数a1rangeに入れておいてね」

という意味です。getRange()は、シートに対して、GASが用意している命令（メソッド）
です。()内で指定したセルの情報を取得することができます。

値を取得する

≡ コード 2-12 ※部分

```
const name  = a1range.getValue();
```

この文も同様です。「（A1のレンジが入っている）定数a1rangeからvalue（値。セルの中
に書かれている文字や数値のことです）を取得して、定数nameに入れておいてね」という
意味です。

getValue()は、レンジに対して、GASが用意している命令（メソッド）です。レンジの持つ
値の情報を取得することができます。

これにより、nameの中にはA1セルに書かれている値が入ることになります。

さて、ここまでで第2章サンプルシートにあるA1の「GAS太郎」を取得できました。こ
れは「Googleスプレッドシートの世界にあるA1の文字列を、GASの世界に持ってくること
ができた」ということです。

次の1行は、先ほど学んだ「文字列連結」ですね。説明は省略します。

≡ コード 2-12 ※部分

```
const text  = name + "さん、こんにちは!";
```

B1のレンジを取得する

≡ コード 2-12 ※部分

```
const b1Range = sheet.getRange("B1");
```

これはA1のレンジを取得する構文と同じですね！

値をB1に出力する

最後の1行で、値を出力しています。

≡ コード 2-12 ※部分

```
b1Range.setValue(text);
```

これによってB1にtext（○○さん、こんにちは！）がset（出力）され、これでプログラムが終了します。

コードの全体を見渡してみると次のように「上で作った箱を下で使っていく」というように「順番に処理が続いている」ことがわかると思います。

≡ コード 2-12

```
function halloSheet() {
  const ss      = SpreadsheetApp.getActive();

  const sheet = ss.getSheetByName("第2章サンプル");

  const a1range = sheet.getRange("A1");

  const name  = a1range.getValue();

  const text  = name + "さん、こんにちは！";

  sheet.getRange("B1").setValue(text);
}
```

これで十分「意図したように動く」プログラムになっていますね。

もう1点プログラムを書く時のテクニックとして、「複数の処理をまとめることもできる」ことを紹介しておきます。イメージで説明すると、次の数式はきちんと成り立ちますよね。

```
X = A + B
Y = X + C

//であれば

Y = A + B + C   //Xの中身がA+Bのため
```

これと同じく、

```
const ss = SpreadsheetApp.getActive();
const sheet = ss.getSheetByName("第2章サンプル");
```

は、次のように書くこともできます。

```
const sheet = SpreadsheetApp.getActive().getSheetByName("第2章サンプル");
```

このように.（ドット）で繋いでいくことで、複数の命令を1行で書くことができます。ただし、繋げすぎると何やっているのか把握しにくくもなりますので、適度なかたまりで区切るようにしましょう。

以上でサンプルプログラムの説明はおしまいです。これで、

- Googleスプレッドシートから値を取ってくる
- Googleスプレッドシートに値を出力する

ことができるようになりました。

ということは、この章の冒頭に出てきた営業進捗のスプレッドシートから、受注件数と売上金額の値を取得することができるようになったことになります。

　ただし、課題解決のためにはさらに、取得した情報をメールで送信する必要があります。次節ではGmailの送信について見ていきますが、そのまえに、少し「レンジ」について補足説明をしておきます。

スプレッドシートの「レンジ」には要注意

　スプレッドシートのA1に数字の「100」を入れる作業を、人に依頼する場面を想像してみてください。おそらくはそのとき、たんに「A1を100にしてください」などというと思います。

　しかし、コンピュータに正確に命令を実行してもらおうとする場合は、

「A1というレンジ（range）の、値（value）を100にしてください」

と命令してあげる必要があります。なぜかというと、「レンジには値以外の情報も存在する」からです。

　たとえば図2-17において、A1のレンジは下記のような情報を持っています。

- ●値（value）は "ABC"
- ●セルの色は黄色
- ●フォントはArial......などなど

（図 2-17）一つのレンジは複数の情報を持つ

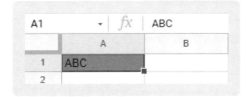

　このとき、「レンジが持っているどの情報を取得したいのか」によって、命令文が変わるのです。命令には、下記のようなものがあります。

表 2-3 rangeのメソッド（一部）

メソッド	意味
getValue()	値を取得する
getBackground()	セルの色を取得する
getFontFamily()	フォントを取得する
getNote()	セルのメモを取得する

getRange()には4種類ある

シートの持っている命令のうち、getRange()はよく使うため、詳しく説明しておきます。getRange()を使ったレンジの取得の仕方には4種類あります。

表2-4で、1つずつ説明します。利用シーンに応じて使えるようにしておきましょう。

表 2-4 getRangeの使い方

構文	記述例	意味
getRange(row, column)	getRange(2,3)	「2行目の3列目」＝C2のこと。(1,1)がA1になります
getRange(row, column, numRows)	getRange(1,2,3)	「1行目2列目から3行分」＝B1:B3 のこと。最後の3は「取得したい行数」を意味します
getRange(row, column, numRows, numColumns)	getRange(1,2,3,4)	「1行目2列目から3行分と4列分」＝B1:E3のこと
getRange(a1Notation)	getRange("A1:B3")	文字列で指定したとおり取得します。これはA1:B3

※公式リファレンスはこちら

https://developers.google.com/apps-script/reference/spreadsheet/sheet

さらに応用として、()の中は数字ではなく、式で指定することもできます。下記であれば、a-bの計算結果が、getRange()の第一引数になります（引数については、第4章で詳しく説明します）。

```
const a = 3;
const b = 1;
sheet.getRange(a-b, 3);
```

スプレッドシートアプリケーションのメソッド

また、シートやレンジの他、「SpreadSheetApp」「スプレッドシート」についても、今回

紹介した以外にもいろいろな命令を使うことができます（下の表の命令の一部は、今後の章でも使います。仕様はその際にくわしく説明します）。

表2-5 SpreadSheetApp のメソッド（一部）

create(name)	nameに指定した名前のスプレッドシートを作成する
getActive()	アクティブなスプレッドシートを取得する
getActiveSheet()	アクティブなシートを取得する
openById(id)	idで指定したスプレッドシートを取得する
openByUrl(url)	urlで指定したスプレッドシートを取得する

表2-6 Spreadsheet のメソッド（一部）

copy(name)	スプレッドシートをコピーしてnameという名前をつける
deleteActiveSheet()	アクティブなシートを削除する
getSheetByName(name)	nameに指定したシートを取得する
rename(newName)	スプレッドシートの名前をnewNameに変更する

　これらの他にどんな命令が用意されているのかは、GAS公式のリファレンスに書かれていますので調べてみてください（リファレンスの見方は第6章のコラムにて説明します）。

Gmail も GAS で 操作してみよう

メールも
送れます

サンプルプログラムを動かしてみよう

スプレッドシート同様、メールも GAS で操作できます。コードも、スプレッドシートと比べると簡単です。

Gmail を送信する関数である、コード2-13を実行してみましょう。to のところには、自分のメールアドレスを指定してください。

≡ コード 2-13

```
function testSendMail() {
  // 送信先のメールアドレス。自分のアドレスを指定してください
  const to = "xxxxxx@xxxx.xxx";

  // 件名
  const subject = "件名です";

  // 本文
  const body = "本文です";

  // メールを送信する
  GmailApp.sendEmail(to, subject, body);
}
```

最初に実行する時には、第1章ではじめて GAS を使ったとき同様、認証を求められるかもしれません。第1章で説明したのと同様の手順で先に進んでください。

実行が完了すると、to で指定したアドレスにメールが届くはずです。どうですか？ たった数行でメール送信プログラムができてしまうんです！

「sendEmail」で送信する

コードの説明に移ります。Spreadsheetを操作するときには、以下のように書くことで、「SpreadsheetAppの持つ、getActive()という命令を使うよ」という合図になりました。

≡ コード

```
SpreadsheetApp.getActive();
```

Gmailの場合も同様です。

≡ コード 2-13 ※部分

```
GmailApp.sendEmail(to, subject, body);
```

とすることで「GmailAppが持ってるsendEmail()という命令を使うよ」という意味になります。

また、sendEmail()という命令は後ろの( )の中に、以下の順番で書くことで、そのとおりにメールを送ってくれる決まり(仕様)になっています。

ルール

● 送信先のメールアドレス(**to**)
● 件名(**subject**)
● 本文(**body**)

ちなみに、sendEmail()では「複数のTOアドレスに送る」「CCにもアドレスを指定する」「添付ファイルを付ける」などといったことも可能です。本書でも一部活用しますが、「GASメール送信　CC」などのワードで検索してみるといっぱい情報が出てきますので、参考にしてください。

この命令を使う際には、toに指定したメールアドレスにメールが送信されますので、toには自分のメールアドレスを指定してくださいね!(なお、送信元は自分のGmailアドレスになります)

指定時間に自動で実行 「トリガー」

　ここで一つ、GASの便利な機能を覚えておきましょう。「プログラムをいつ実行するのか」を、あらかじめ「トリガー」という機能で設定することができます。これを使うと、手動でいちいち実行ボタンを押さなくとも、指定した条件で、プログラムを自動実行させることができます。

　先に書いたメールを送るためのtestSendMail()関数を、1時間ごとに実行させてみましょう。スクリプトエディタの左側にあるメニューから設定できます（図2-18、図2-19）。

図 2-18 　トリガー画面に移行する

図 2-19 　トリガーを設定

上の操作をして保存をするとトリガーが有効になり、1時間おきにメールが送信される
ようになります。

　ここで注意点として、「トリガーを設定したユーザーがGASを実行したことになる」点
は覚えておいてください。

　たとえば、AさんがGmailを送信するGASを書いたとします。このGASに対して、Bさん
がトリガーを設定してGASが実行された場合、送信されたメールのFromアドレス（送信
者のアドレス）は実行者であるBさんのものになります。

　またこの機能の欠点として、この画面でのトリガー設定では、「8時〜9時のどこかで送
信する」といった設定はできますが、「8時30分ちょうどに送信する」など、正確な時刻を
指定はできません。プログラムを書くことで、正確な時間を指定してトリガーを実行する
ようにもできますが、本書では説明を割愛しますので、やってみたい方は調べてみてくだ
さい。

　トリガーの削除は、図2-20からおこないます。

図 2-20　トリガーの削除

　ここまでで、「日報送信GAS」に必要な知識がそろいました。ここで学んだ部品（＝個々
の知識）を組合せて、一つの作品（日報を自動送信するプログラム）を作っていくわけです
が、早く書き始めたい気持ちをグッとこらえて、もう少し下準備をしていきましょう。

Section 2-9 「日報送信の自動化プログラム」を書いてみよう

準備はしっかりと

要件を定義してみよう

「要件定義」という言葉を聞いたことはありますか？ 私はこの言葉にすごく「固い」イメージを持っています。ひとまず本書では

「自分が書くプログラムにおいて、何がどうなっていたら完成といえるのか決めること」

という意味にしたいと思います。たとえば「○○が表示されること」と「毎日○時に実行されること」をゴールとすると、この2つがすべて満たされた時にプログラムが完成したことになります。この要件定義がなぜ必要なのか、すこし掘り下げてみたいと思います。

プログラム開発における要件定義は、通常

「発注者と受注者の認識のズレを防ぐ」

ことが大きな目的です。誰かに作業を依頼した時に、受け取ったものと自分の期待していたものが違って、お互いに「あれ？」ってなったことはありませんか？

たとえば、営業サポートであるハルカさんが、日報送信を手作業でおこなっているとして、エンジニアであるユウタ先輩に

「これ、GASで自動化できませんか？」

と相談したとします。そのとき、ユウタ先輩がハルカさんの話を詳しく聞かず、

「きっとこういうものがほしいんだろう」

という予測だけでプログラムをつくるとどういうことが起こるでしょうか？（図2-21）

図 2-21 認識のズレ

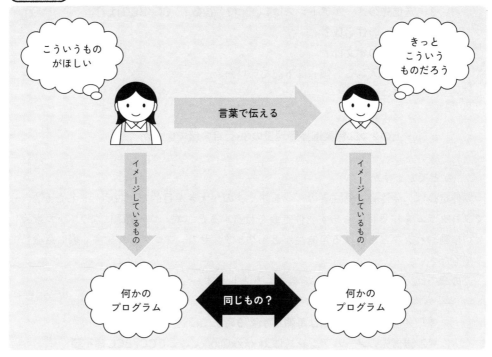

こういうもの
がほしい

言葉で伝える

きっと
こういう
ものだろう

イメージしているもの

イメージしているもの

何かの
プログラム

同じもの?

何かの
プログラム

　このままユウタ先輩の思い込み(ユウタ先輩にとっての当たり前)で作業を進めてしまった場合、ハルカさんがイメージしているものとは違うものができあがる可能性が高いです。「社会人としてコミュニケーションが大事」とか「報連相をしっかりしよう」という言葉は何度も聞いたことがあると思います。

　ハルカさんにとって「当たり前すぎて意識にも上がってこないこと」をユウタ先輩に言葉として伝えることは難しいかもしれません。でも、その情報がユウタ先輩にとっては重要な意味を持つかもしれないですよね。「毎朝、営業進捗管理の日報が送信されるようにしてほしい」というリクエストだけでは、プログラムを書くユウタ先輩にとっては情報が足りない可能性が高いのです。

　エンジニア(と、GASを書くみなさんも)はプログラムを相手にしています。第1章にも出てきましたが、プログラムは「あいまいさ」を許してくれないのです。プログラムには一つ一つ教えてあげる(コードを書いて命令する)必要があるわけです。

　プログラムを書くユウタ先輩は、ハルカさんに対して自動化プログラムを書くにあたって必要な情報をヒアリングする必要があります。

　　1. メールの配信時間は毎日何時?(厳密な時刻指定があるのか、だいたい何時く

らい、でいいのか）

2．送信先のメールアドレスは？（一つ？　複数？　CC/BCCは？）

3．メールの件名は？

4．メールの本文は？

5．本文に入れる「値」は下記でいいか？

　・受注件数

　・売上金額

　・上の2つは営業進捗管理表の36行目の値でいいか

......などでしょうか。

　要件定義は「発注者と受注者のズレを防ぐ」のが大きな目的だと説明しましたが、自分でプログラムを作る時にもまず要件定義を意識すると、ゴールが明確になり、かつ意図しない挙動やバグなども防げる可能性が上がります。ぜひ、プログラムを書く際に意識してみてください。

　この章では、下記のように要件定義をしたとします。

● 1. メールの配信時間は毎朝8時台（9時までに送られればOK）

● 2. 送信先のメールアドレスはxxxxxx@xxxx.xxxでCC/BCCは不要

● 3. メールの件名は「営業進捗報告」

● 4. メールの本文は下コードのとおり

　　（nの部分にスプレッドシートにある値が入る）

≡ メール文

営業メンバー各位

お疲れ様です。ハルカです。
今月の営業進捗情報を送信します。

受注件数：n件
売上金額：n円

以上、よろしくお願いします。

ハルカ

このように定義することで、「上記の要件を満たすプログラムを作る」ことがゴールであるとハッキリするわけです。もちろん、要件定義をしてからプログラムを書き始めても、「あれも必要だ、これはいらないな」といった変更が発生することはあります。その際はその都度、情報を更新していきます。

概念図とフローチャートで全体の流れを確認してみよう

要件を定義したことで「何がどうなっていればいいか」が決まりました。次に今回のプログラムを、第1章で紹介した「概念図」に当てはめてみましょう。「どの情報をインプットとするのか」「どんな処理をするのか」「その結果（アウトプット）は何なのか」の整理になります（図2-22）。さらに、「処理」の部分について「どういう順番で何をするか」をフローチャートにしてみます。……フローチャートに慣れていない人は「えっ、難しそう」って思うかもしれませんね。1章で書いたように、「誰かに業務を引き継ぐと想定して、作業手順書を書く」気持ちでやってみてください。今回のフローチャートは一本道でシンプルです（図2-23）。

図 2-22 日報送信プログラムの概念図

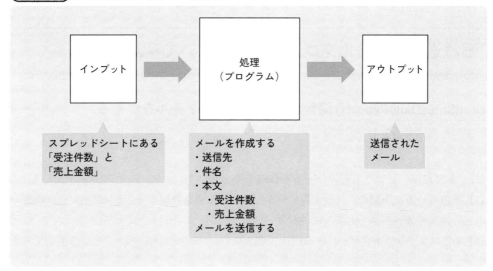

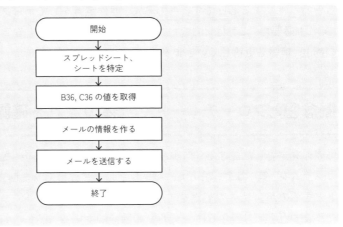

図 2-23 日報送信プログラムのフローチャート

「フローチャートを作ること」ができればあとは、「プログラム言語に翻訳＝置き換える」だけになります。本書の目的の1つはその「翻訳」ができるようになることですが、翻訳スキルが身に付いた後にはどちらかというと、課題を解決するためのフローチャートを書けるほうが大事だったりします。

フローチャートができたところで、いよいよ実際にコードを書き始めましょう！

「日報送信の自動化プログラム」 を書いてみよう

sendSalesDailyReport()関数のスクリプトファイルをつくる

先に下記の準備をおこないます。

【1】「営業進捗」という名前のシートを作成する

【2】そのシートに下記の「シートのデータ」の内容で表を作成する（サンプルデータの表からコピー＆ペーストしてください）

【3】新たにスクリプトファイルを作成し、「第2章_sendSalesDailyReport」という名前にする

今回は「営業進捗管理の日報」を送る関数なので、sendSalesDailyReportという名前の関数にします。これで、別の人が見たときも「何をする関数なのか」がわかりますよね。

【4】myFunctionをsendSalesDailyReportに書き換える（図2-24）

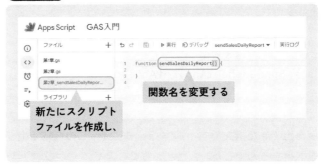

図 2-24 sendSalesDailyReport() 関数を作る

ではここから、ここまで学んだことを組合せて、日報送信のフローチャートをプログラムに置き換えてみましょう。

......といっても、何をどうしたらいいかわからないと思います。最初ですので一緒に一つずつ、順番に考えていきましょう。

日本語で処理内容を表現してみよう

初学者のみなさんにはまず、「順番に、処理の内容を、日本語で書いてみる」を強くオススメします。関数の中でどういう処理をさせるのか、をコメントで書いてみましょう。

≡ コード 2-14 ※部分

```
function sendSalesDailyReport() {
  // 1．スプレッドシートを取得
  // 2．「営業進捗」シートを取得
  // 3．B36の値を取得
  // 4．C36の値を取得
  // 5．メールの情報を作る
  // 6．メールを送信する
}
```

1〜4はスプレッドシートの操作で、5〜6はGmailの操作です。コメントをみて、「フローチャートで書いたまんまだ」とピンときたら鋭いです！

これが書ければ、あとはこの章で学んだことをそのまま使えます。わかりやすいように、「実際に試行錯誤しながら書いていく」イメージで、書き進めてみます。では始めます。

スプレッドシートを取得する

≡ コード 2-14 ※部分

```
function sendSalesDailyReport() {
  // 1. スプレッドシートを取得
  const ss = SpreadsheetApp.getActive();
```

　この一文は何度か出てきた構文です。「アクティブな（＝このGASが仕込んである）スプレッドシート」を取得するんでした。……ところでここで、

「本当にssの中にアクティブなスプレッドシートが入っているか？」

　を確認したいときはどうしたらいいでしょうか。そんなときは、下記の2行を追加して、実行してみてください。

≡ コード 2-14-2

```
function sendSalesDailyReport() {
  // 1. スプレッドシートを取得
  const ss = SpreadsheetApp.getActive();

  // スプレッドシートの名前を確認する
  const ssName = ss.getName();
  console.log(ssName);
}
```

▶ ログ

```
GAS入門
```

　ssにはスプレッドシートが入っているはずです。そのスプレッドシートに対してgetName()すると、スプレッドシートの名前が取得できるはずですよね。上のコードを実行してみると、ssの中に「GAS入門」という名前のスプレッドシートが入っていることが確認できました。取得した名前を出力したときに、今使っているスプレッドシートの名前と一致すれば成功です。

　このようにプログラミングを書いていく際は、「全部書いてから実行する」のではなく、

以下の流れで繰り返していくことが大事です。

ルール

● 少し書く →
● 意図したように動くか確認する →
● OKなら続きを少し書く →
● 実行して確認する……

今追加したスプレッドシートの名前を確認するための2行のコードは、ここまで書いたコードに対する動作確認のためのものです。最終形には必要ないため、削除してください。

営業進捗シートを取得する

手順2では、「営業進捗」シートを取得します。これは何度も出てきたコードです。

≡ コード 2-14 ※部分

```
const sheet = ss.getSheetByName("営業進捗");
```

セルの値を取得する

では引き続き、3,4の手順のプログラムを書いていきます。今やったように、「取得したセルの値が取れているか」も確認しながらおこないましょう。

≡ コード 2-14 ※部分

```
function sendSalesDailyReport() {
  // 1．スプレッドシートを取得
  const ss = SpreadsheetApp.getActive();

  // 2．「営業進捗」シートを取得
  const sheet = ss.getSheetByName("営業進捗");

  // 3．B36の値を取得
  const count = sheet.getRange("B36").getValue();

  // 4．C36の値を取得
```

```
  const sales = sheet.getRange("C36").getValue();

  console.log(count);
  console.log(sales);
}
```

「営業進捗」のシートのB36、C36はそれぞれ「61」と「650000」でした。これらをそれぞれ、「count」「sales」という定数に入れています。セルの値が取れているかを確認するには、この二つの定数をconsole.logすればいいですね。ログへの出力結果が一致すれば成功です。

▶ ログ

```
61
650000
```

これによって、「意図したように動いている」ことが確認できました。この時点で「エラーメッセージが出てしまう」「ログに値が出力されない」といった場合は

- エラーメッセージの内容を確認する（意味がわからなければその英語を検索）
- シート名は正しいか？
- セルの位置（B36とC36に合計値が存在するか）は正しいか？

などを確認して、おかしいところを修正していきましょう。意図した結果が出力されることが確認できたら、今回も、先ほど書いたconsole.logの2行は削除してください。
続いて、「メールの情報」を作ります。

送信するメールを作成する

≡ コード 2-14 ※部分

```
function sendSalesDailyReport() {
// （略）

  // 4．C36の値を取得
  const sales = sheet.getRange("C36").getValue();
```

```
  // 5. メールの情報を作る
  const to = "xxxxxx@xxxx.xxx";
  const subject = "営業進捗報告";
  const body = `営業メンバー各位

お疲れさまです。ハルカです。
今月の営業進捗情報を送信します。

受注件数：${count}件
売上金額：${sales}円

以上、よろしくお願いします。

ハルカ
`;

  // 6. メールを送信する
  GmailApp.sendEmail(to, subject, body);
}
```

ポイントは「メールの本文の中に、count（B36の値）と sales（C36の値）を入れる」ところになります。メールの本文は、すべて「文字列」ですよね。その中に定数である「count」「sales」を入れるには、1章で学んだ「文字列連結」を使う必要があります。今回は、第1章で学んだ「テンプレートリテラル」を利用しています。

以上を統合した、コードの完成形は次のとおりです。

≡ コード 2-14

```
/**
 * 営業進捗情報をメール送信する
 * トリガー：毎日8時台に実行
 */
function sendSalesDailyReport() {
  // スプレッドシートを取得
  const ss = SpreadsheetApp.getActive();

  // シートを取得
  const sheet = ss.getSheetByName("営業進捗");
```

```
    // セルを指定して値を取得
    const count = sheet.getRange("B36").getValue();
    const sales = sheet.getRange("C36").getValue();

    // 送信先のメールアドレス
    const to = "xxxxxx@xxxx.xxx";

    // 件名
    const subject = "営業進捗報告";

    // 本文
    const body = `営業メンバー各位

お疲れさまです。ハルカです。
昨日までのの営業進捗情報を送信します。

受注件数：${count}件
売上金額：${sales}円

以上、よろしくお願いします。

ハルカ
`;

    // メールを送信する
    GmailApp.sendEmail(to, subject, body);
}
```

動かしてみよう

　それでは実際にこのGASを実行して、メール送信されることを確認してみましょう。以下のxxxxの部分を自分のメールに変更してから実行すると、toに指定したメールアドレスに下記のようなメールが届くはずです（図2-25）。

≡ コード

```
const to = "xxxxxx@xxxx.xxx";
```

図 2-25 届いたメール

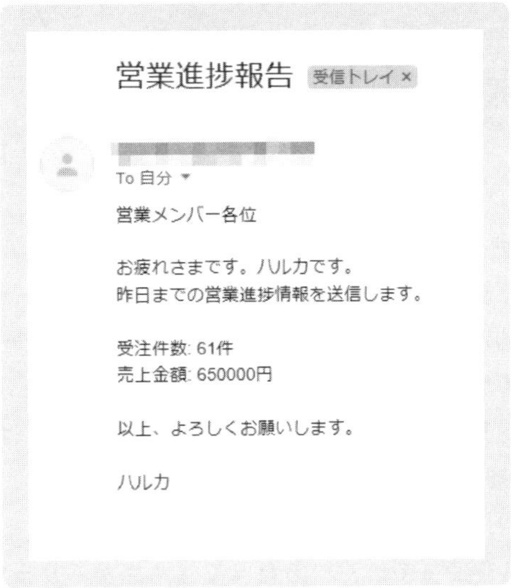

営業進捗報告 受信トレイ ×

To 自分 ▼

営業メンバー名位

お疲れさまです。ハルカです。
昨日までの営業進捗情報を送信します。

受注件数: 61件
売上金額: 650000円

以上、よろしくお願いします。

ハルカ

これを、「毎朝8時台」など定期的に実行するには、トリガーを設定すればOKです。

これで、日報メールが自動で送信されるようになりました。ハルカさんの毎日の手作業が自動化できましたね！

今実践した、「コードを書く流れ」をあらためて整理しておきます。

❶要件を定義する
❷「インプット」「処理」「アウトプット」の概念図に整理する
❸概念図の「処理」をフローチャートに落とし込む
❹日本語コメントで、チャートの手順毎に処理内容をメモする
❺手順ごとにプログラミングし、都度実行してエラーが出ないかを確認する

次章以降も大きな流れとしてはこれに沿ってプログラムを作成していきます。

Section 2-10 章のまとめ

はじめて自動化できましたね！

　この章では「GASを使ってGoogleスプレッドシートの特定セルから値を取ってきてメール送信する」ことができるようになりました。

　実務の中でも「定期的にGoogleスプレッドシート中の値をメールやチャットツールに通知する」というニーズがとても多いです。手動でやってもほとんど時間はかからない作業ではあるのですが、「定期的におこなう」「単純な作業」であればGASにやらせることができるかも？　という発想が生まれるといいですね。

　ここで、本格的にGASを使っていくにあたって注意点があります。「Googleに負担をかけすぎないように、使用にあたっては、一部使用上限が課せられている」ことです。22年1月時点では、表2-7のような制限があります。

表 2-7　Google Apps Script に関する制限

機能	無料アカウント	Google Workspace
スクリプトの実行時間	6 分 / 実行	6 分 / 実行
カスタム関数の実行時間	30 秒 / 実行	30 秒 / 実行
同時実行数	30	30
メールの添付ファイルの数	250 / メッセージ	250 / メッセージ
メール本文の容量	200kB / メッセージ	400kB / メッセージ
メール1通あたりの宛先数	50 / メッセージ	50 / メッセージ
メール添付ファイルの容量の合計	25MB / メッセージ	25MB / メッセージ
プロパティの値の容量	9kB / 値	9kB / 値
プロパティ全体の容量	500kB	500kB
トリガーの数	20 / ユーザー / スクリプト	20 / ユーザー / スクリプト
URL Fetch のレスポンスの容量	50MB / 回	50MB / 回
URL Fetch ヘッダー数	100 / 回	100 / 回
URL Fetch ヘッダーの容量	8kB / 回	8kB / 回
URL Fetch でPOSTするデータの容量	50MB / 回	50MB / 回
URL Fetch のURLの長さ	2kB / 回	2kB / 回

※最新の情報はここに公開されています
https://developers.google.com/apps-script/guides/services/quotas

Column 2-1

ここも重要！
プログラミングの決まり事
（言語仕様／コーディングマナー／エラー）

第2章 日報送信を自動化したい！

　私は社会人になり、数年経ってから「プログラム未経験」からプログラマになりました。当時は本で勉強するのが当たり前の時代で、わからないところは先輩、同僚に聞いて学んでいました。最近社内でプログラミング講師としてGASを教えていると、受講者に対して当時の自分を見るような感じがしています。「そうだよね、ここわかりにくいよね」とか、「ここでつまづくよね」とか。本書ではそうしたつまづきがちなポイントを、丁寧に説明していこうとしています。わかりやすさにつながればうれしいです。

　さて、ここでは「特に初めての人が困るであろうところ」を書いてみたいと思います。

　ここまでに出てきたサンプルコードを見て「どこが決められたところで、どこが自分の好きにしていいところなのかわからない」って思いませんでしたか？　たとえば「ここのスペースは必要なのか」とか、「大文字小文字は区別するのか」とか、「ここは改行してもいいのか」とか、「この記号は必要なのかなくてもいいのか」、とか……。

　私は、次の2種類の「決まりごと」があると思っています。

- 1つは「言語仕様として決まっているもの」
- もう1つが「コーディングルール・マナー」

です。

言語仕様として決まっているもの

　言語仕様とは、「これをまちがうとエラーになってプログラムが実行できない」「プログラムの世界では守らなければ生きていけない」ものです。たとえば、下記のコードを「保存」しようとすると、エラーが発生します（図2-26）。

≡ コード 2-15

```
function testError(){
  console.log("エラーになります");
}
```

図 2-26 構文エラー

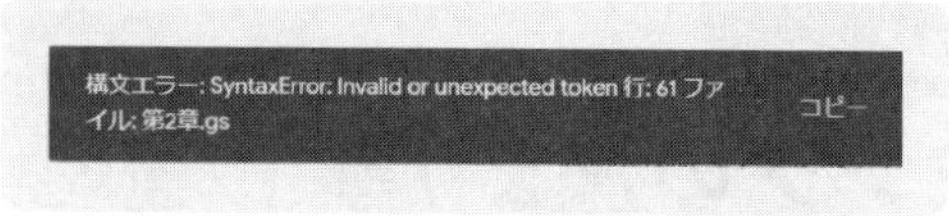

> 構文エラー: SyntaxError: Invalid or unexpected token 行: 61 ファ
> イル: 第2章.gs   コピー

SyntaxError、つまり「構文・文法がまちがってますよ」というエラーです。紙面ではわかりにくいですが、最後の ; が「全角」になっているのが原因です。

≡ コード

```
console.log("あああ")； // こっちが全角
console.log("あああ");  // これは半角
```

これは「プログラムは半角で書く」という言語仕様を守っていないというエラーになります。実際に ; を全角で記入すると、スクリプトエディタが「おかしい」と判断し、赤波線で教えてくれるので、事前に気づくことができます。

また、先に説明した「定数・変数名や関数名に予約語は使えない」というルールも、この言語仕様にあたります。

コーディングルール／マナー

言語仕様は「守らないとプログラムが動かない」ものです。一方で、コーディングルール／マナーは「守らなくてもプログラムは動作する」けど、守っておいたほうが「可読性」「保守性」が高くなる、といったものです。

たとえば「命名規則（定数などの名前の付け方のルール）」があります。名前の付け方のルールとして代表的なものに、キャメルケースとスネークケースがあります。

≡ コード

```
const adminUserName   = "たろう"  // キャメルケース
const admin_user_name = "じろう"; // スネークケース
```

キャメルケース

UserNameのように、「複数単語を含む命名」の場合、単語の先頭を大文字にすることで区別する方式です。大文字がラクダ(camel)のコブに見えることからこう呼ばれます。キャメルケースのなかでも、先頭の英文字のみ小文字にするものは「ローワーキャメルケース」、先頭の英文字も大文字にするものは「アッパーキャメルケース」と呼びます。

スネークケース

user_nameのように、単語の区切りをアンダースコアで表現する方法です。大文字小文字が混在せず、ヘビ(snake)に見えることからこう呼びます。

「名前」の他には「インデント」「空白スペース」などにも、コーディングルールがあります。

≡ コード

```javascript
function calcTriangleArea(){
  const base   = 10; // 底辺
  const height = 20; // 高さ

  const triangleArea = base * height / 2;

  console.log(triangleArea);
}
```

(1)　(2)　(3)

ルール

(1) インデント(行頭の字下げ)をそろえることで、どこまでが関数の中なのかが視認しやすくなります。JavaScriptでは「半角スペース2個」がルールです
(2) イコールを縦にそろえることで視認しやすくなります
(3) base*height/2のようにスペースなしで書いても同じことですが、定数と演算子を判別しやすいように、半角スペースを入れています

こういったコーディングルールを決めて守ることで、「チーム開発するときに統一感のあるコードになる」「1人で開発するときも、将来の自分が見た時に理解しやすくなる」というメリットがあります。

コーディングルールについては、Googleのガイドライン(Google JavaScript Style Guide)も公開されています。参考にしてください。

https://google.github.io/styleguide/jsguide.html

また、スクリプトエディタの機能として「ドキュメントのフォーマット」を実行することで、自動で書式を揃えてくれます。スクリプトエディタ上を右クリックすると「ドキュメントのフォーマット」というメニューがありますので、これを利用するのもいいでしょう。

エラーが出てもあわてない

エラーが出るとそれだけで、イヤになることありませんか？

```
ReferenceError: test is not defined
SyntaxError: missing ) after argument list
SyntaxError: Unexpected end of input
```

......などなど、挙げきれないくらいエラーメッセージはあるのですが、エラーに出会ってもくじけないでください。

エラーとはプログラムが「ルール違反だよ」って教えてくれているものです。そのため、**エラーを解消していけばプログラムが完成に近づきます。**この本のサンプルコードはいわば「完成品」ですが、私もこの完成品を作るまでに数多くのエラーに出会っています。そこは本に載らないので伝わらないと思いますが、ほとんどのプログラマは

「書いて、実行して、エラーが出て、直して、実行して......」

を繰り返しながら完成品を目指します。ですのでみなさんも、「エラーに出会うのは当たり前」だと思ってください！ ここでめげちゃダメです！

第3章

アンケート集計を自動化したい！

〜「配列」「条件分岐」「繰り返し」を理解する

Section 3-1 この章でできる ようになること

実はこの章が 山場です！

この章ではプログラミングで絶対に外せない大事な要素である「配列、条件分岐、繰り返し（反復）」について学びます。特にGoogleスプレッドシートのデータを扱うGASを書くときには、配列と繰り返しの操作を多用しますので、しっかりと身につけていきましょう！また、「こういうときはこういう処理をおこなう」というように、「条件に応じて処理を変える」条件分岐も、プログラミングでは非常に重要です。

課題：社内アンケートの集計結果をメールで報告する

この章では課題として、「社内アンケートを集計して、メールで報告する」実務を考えてみました。

そして、「アンケートを集計したスプレッドシート」に存在するデータを「条件分岐（if文）」「反復（for文）」を使いながら処理する方法を説明していきます。

ある会社では半年に一回、任意参加の「全社会議」がおこなわれます。ハルカさんはその運営メンバーの1人にアサインされ、出欠確認および、お弁当の注文数、それに発注金額の確認を担当することになりました。そこでハルカさんは、社員向けのアンケートをGoogleフォームで作成しました（図3-1）。

ここで、アンケートには記載されていませんが、お弁当ごとに値段が異なっているものとします。

図 3-1 アンケートフォーム

全社会議の出欠とお弁当アンケート

○月○日から全社会議をおこないます。
出席／欠席のご回答のうえ、出席される方は、当日のお弁当を選択してください。
○月○日○時までに回答をお願いいたします。

アカウントを切り替える

*必須

お名前 *

回答を入力

全社会議に出席しますか？ *

○ 出席
○ 欠席

参加される方は下記からお弁当を選択してください

○ 牛カルビ炭火焼肉弁当
○ 特選 幕の内弁当
○ 健康野菜 栄養バランス弁当
○ 厚切り銀鮭弁当

- 牛カルビ炭火焼肉弁当：900円
- 特選　幕の内弁当：1,000円
- 健康野菜　栄養バランス弁当：850円
- 厚切り銀鮭弁当：900円

　アンケートの集計結果は、Googleフォームの標準仕様でスプレッドシートに自動で集まるようになっています（図3-2）。

図3-2 アンケートの集計結果

	A	B	C	D
1	タイムスタンプ	名前	全社会議に参加しますか？	参加される方は下記からお弁当を選択してください
2	2020/06/13 19:04:34	高尾達郎	出席	牛カルビ炭火焼肉弁当
3	2020/06/13 19:04:44	北田真奈	出席	健康野菜 栄養バランス弁当
4	2020/06/13 19:04:52	椎名武史	出席	厚切り銀鮭弁当
5	2020/06/13 19:05:02	川野義昭	出席	特選 幕の内弁当
6	2020/06/13 19:05:09	金野昌	出席	牛カルビ炭火焼肉弁当
7	2020/06/13 19:05:21	二宮重najima	出席	厚切り銀鮭 弁当
8	2020/06/13 19:05:28	古屋七菜	出席	特選 幕の内弁当
9	2020/06/13 19:05:36	森川祐二	出席	特選 幕の内弁当
10	2020/06/13 19:05:45	白石美貴	出席	特選 幕の内弁当
11	2020/06/13 19:05:57	矢島健之	欠席	
12	2020/06/13 19:06:12	角田由姫	出席	厚切り銀鮭 弁当
13	2020/06/13 19:06:20	青山沙也香	出席	牛カルビ炭火焼肉弁当
14	2020/06/13 19:06:29	荻野薫	欠席	
15	2020/06/13 19:06:37	飛田䏡子	出席	特選 幕の内弁当
16	2020/06/13 19:06:45	長沼歌音	出席	厚切り銀鮭 弁当
17	2020/06/13 19:06:52	岡山耕一	出席	牛カルビ炭火焼肉弁当
18	2020/06/13 19:06:59	篠原龍雄	出席	牛カルビ炭火焼肉弁当
19	2020/06/13 19:07:07	黒岩清美	出席	健康野菜 栄養バランス弁当
20	2020/06/13 19:07:17	三浦早紀	出席	健康野菜 栄養バランス弁当
21	2020/06/13 19:07:28	樋口明音	出席	特選 幕の内弁当
22				

A1　fx　タイムスタンプ

　アンケート結果がスプレッドシートにまとまっているということは、第2章で学んだ日報送信と同じように、

- スプレッドシートから値を取ってきて
- 集計して NEW
- メールを送る

ができればよさそうですね。今回のポイントは「集計」のところです。
　第2章で、「決まった位置のセルの値」を取得するときは、下記のように「セルの位置」を指定することで値を取れるようになりました。

```
const count = sheet.getRange("B36").getValue();
```

しかし、任意参加のため、今回はアンケートの回答数が何件あるかは、その時にならないとわかりません。さらに、セルの値を取るだけではなく、「集計」をする必要があります。

集計では、たとえば図3-3のようなシートの情報を元にして、下記の出力をする「処理」をおこないます。

（図 3-3）出席／欠席

| 出席 |
| 欠席 |
| 出席 |
| 出席 |
| 欠席 |

≡ コード

```
出席：3人
欠席：2人
```

以上、やりたいことを簡単にまとめると、以下のとおりです。

- 全体会議アンケートのシートから出席者、欠席者の数をカウントする
- お弁当ごとの注文数を出す
- お弁当ごとの合計金額を出す
- 集計結果をメールで送信する

それではさっそく条件分岐について学習していきましょう！

Section 3-2 いろいろなパターンに対応させよう「if文」

YESとNOで
処理を分けよう

条件分岐というと少し難しく聞こえますが、「道が二手にわかれていて、質問（＝条件）に対してYESかNOかで進む道が変わる」といったイメージをもってもらうとわかりやすいです。

（私だけかもしれませんが）「条件分岐」が書けるようになると、「プログラムしてるな！」と実感が湧いてくるはずです。

学習前に、以下のことをおこなってください。

● スプレッドシートに「条件分岐」というシートを追加
● スクリプトエディタで、新しいスクリプトファイルを作成して、
　名前を「第3章_条件分岐」にする

それでは具体的に、条件分岐を見てみましょう。

以前に「プログラムはフローチャートで表現できます」とお伝えしました。今回説明する条件分岐も、もちろんフローチャートで書くことができます。ここでは、「朝、家を出るまでのフローチャート」を書いてみました。「雨が降っているかどうか」の条件で行動が分岐しています（図3-4）。

図3-4 家を出るまでのフローチャート

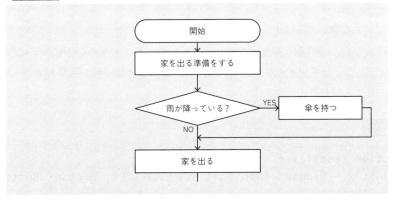

これをプログラムっぽく書いてみるとこうなります。

```
≡ コード

家を出る準備をする

if(雨が降っている?) {
    傘を持つ
}

家を出る
```

このように条件分岐は、プログラムでは「if（条件式）」で表現することができます。英語のifと同じ、「もし〜だったら」という意味です。実際にプログラムを書いて、詳しく見ていきましょう。

if文を書いてみよう

- 画面に「数字を入れよう」というインプットボックスを出す
- そこに入力された数字が10未満だったらメッセージを表示する

というコードを書いてみましょう。

先ほど作成した、「第3章_条件分岐.gs」のスクリプトファイルの中に、下記のコードを書いて実行してください（スクリプトファイルを作成した時に最初から書いてある、myFunction()は削除してください）。

```
≡ コード 3-1

function testIf() {
  const x = Browser.inputBox('数字を入れよう', Browser.Buttons.
  OK_CANCEL);
```

```
  const sheet = SpreadsheetApp.getActive().getSheetByName("
条件分岐");

  if ( x < 10 ) {
    sheet.getRange('A1').setValue(x + 'は10より小さい');
  }
}
```

実行するとスプレッドシートの画面にInputBox（入力欄）が表示されます（図3-5）。

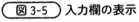 **入力欄の表示**

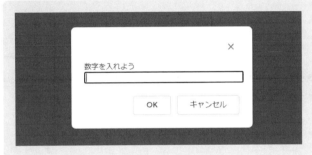

InputBoxに「10未満の値を半角の数字で」入力してOKを押してみてください。プログラムが正常に動いていれば、「条件分岐」シートのA1セルに図3-6のようなメッセージが表示されます（例は3を入力した想定です）。

図 3-6) シートのメッセージ

それでは、プログラムの中身を見ていきましょう。

ユーザーからの入力を受け取るやり方

先のコード3-1では、ユーザーが入力した値をもとに、条件分岐をおこなっています。条件分岐の前に、「ユーザーからの入力を受け取る」やり方を先に説明します。

1行目にある以下のコードが、「画面にインプットボックス（＝ユーザーの入力を受け付けるボックス）を出す」ために書いたものです（図3-7）。

図 3-7 コードと画面の対応関係

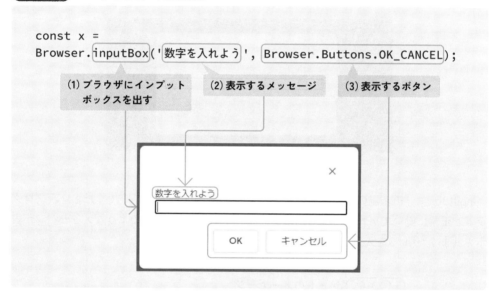

インプットボックスのルールは以下のとおりです。

ルール

【1】「ブラウザに InputBox を表示する」時は Browser.inputBox();
【2】（）の中の1番目に「表示するメッセージ」を指定する
【3】,（カンマ）で区切り、（）の中の2番目に「表示するボタン」を指定する

この時、表示できるボタンは、表3-1のみとなります。

表 3-1	表示されるボタンの種類
書き方	表示されるもの
Browser.Buttons.OK	OKボタンだけ
Browser.Buttons.OK_CANCEL	OKとキャンセル
Browser.Buttons.YES_NO	YESとNO
Browser.Buttons.YES_NO_CANCEL	YESとNOとキャンセル

インプットボックスに値を入力して「OK」ボタンを押すと、入力された値が定数xに代入されます。たとえばインプットボックスに「ABC」と入力したあとにOKボタンを押すと、xの中には"ABC"という文字列が代入されます。また、「キャンセル」ボタンを押すとどうなるかというと、操作が中断されるわけではなく、xに"cancel"という文字列が代入される仕様です（インプットボックスの右上に出ているxボタンを押した場合も"cancel"になります）。

次の行は、2章にも出てきた、シートを取得するための構文です。「条件分岐」という名前のシートを取得しています。

≡ コード 3-1 ※部分

```
const sheet = SpreadsheetApp.getActive().getSheetByName("条件
分岐");
```

if文での条件分岐～真か偽かで判別する

そして次の1行が今回のメインであるif文です。if文は、以下の書式で記述します。

ルール

```
if( 条件式 ) {
    条件式がtrueの場合に実行する処理
}
```

条件式とは、フローチャートの「YES」か「NO」のどちらに進むかを判定するための条件を指定するものです（本章冒頭であげた、「雨が降っている？」も「YES」か「NO」で判

断できますよね）。

　プログラムでは、YES/NOのことをtrue/falseで表現します。これを「真偽値（しんぎち）」と呼びます。英語でtrueが「真」、falseが「偽」という意味です。

　そして、条件式がtrueの場合には、その後ろにある { } の中が実行されます。サンプルコードのif文の箇所では、「x < 10」の箇所が条件式です。

＝ コード 3-1 ※部分

```
if ( x < 10 ) {
  sheet.getRange('A1').setValue(x + 'は10より小さい');
}
```

　このコードの条件式の意味は「xが10未満か？」です。そして、条件式が true の場合（つまり、「xが10未満である」場合）に、以下のコードが実行されます。

＝ コード 3-1 ※部分

```
sheet.getRange('A1').setValue(x + 'は10より小さい');
```

　ここで実験してみましょう。もう一度サンプルコードを実行し、インプットボックスに「100」を入力してみてください。これだと、何も起こりません。

　この場合、xには100が代入されますが、それだと「xが10未満か？」という条件式がfalseのため、その次にある { } の中が**実行されない**からです。

　これで「xが10未満」の条件を満たす時だけにおこなう処理、を書くことができました。「条件式」は、「YES/NOで判断できるもの」しか記述できないため注意してください。たとえば「雨が降っているかどうか」「年齢が20歳以上かどうか」は「条件式」として使えますが、「今日の天気は何？」はYES/NOで判断できないため、if文では表現できません。

さらに条件を追加してみよう

～if-else で false のときの処理を追加する

じゃない方、の処理です

コード3-1は「xが10以上のときは何も起こらない」状態でした。これだと寂しいので、プログラムの最後に下記のようにelseを追加してみてください。

≡ コード 3-2

```
function testIfElse() {
  const x = Browser.inputBox('数字を入れよう', Browser.Buttons.
  OK_CANCEL);
  const sheet = SpreadsheetApp.getActive().getSheetByName("条
  件分岐");

  if ( x < 10 ) {
    sheet.getRange('A1').setValue(x + 'は10より小さい');
  } else {
    sheet.getRange('A1').setValue(x + 'は10以上です');
  }
}
```

これで、今度は10以上の数字を入れても「～は10以上です」が表示されるはずです。このように、if文とelseを組合せることで、条件式がfalseになったときの処理を書くことができます。

以上、if文の構文をまとめると、以下のとおりです。

ルール

```
if ( 条件式 ) {
  // 条件式が true の時に実行される処理
} else {
  // 条件式が false の時に実行される処理
}
```

これにより、条件式がtrueになったときはこの処理、falseになったときはこの処理、というように2つの分岐をさせることができるようになりました。

if-else ifで複数の条件によって分岐させる

3つ以上の分岐をさせたいこともありますよね。今度は数字ではなく「あいさつ（文字列）」によって、複数の処理に分岐させてみましょう。

≡ コード3-3

```
function testifElse_2() {
  const greeting = Browser.inputBox('あいさつを入れよう',
Browser.Buttons.OK_CANCEL);
  const sheet = SpreadsheetApp.getActive().getSheetByName("
条件分岐");

  if ( greeting === 'おはよう' ) {
    sheet.getRange('A1').setValue('ぐもーにん!');
  } else if ( greeting === 'こんにちは' ) {
    sheet.getRange('A1').setValue('はろー!');
  } else {
    sheet.getRange('A1').setValue('よくわかりません......');
  }
}
```

※ここで途中にある、イコールが3つならんだ === は「左辺と右辺が同じかどうか」を判定する記号です。
　後述しますので、今はスルーしてください

この関数を実行して、入力欄に「おはよう」「こんにちは」を入力してみてください。「おはよう」を入力すると、A1セルに「ぐもーにん!」が、「こんにちは」なら「はろー!」と返事を返してくれるはずです。これはelse ifの効果によるものです。このように、else ifを複数記述すると、複数の条件を評価することができます。

さらに「おはよう」「こんにちは」以外の言葉を入れてみるとどうなるでしょうか？　この場合は「よくわかりません......」を出力します。このように、どの条件にもあてはまらない（すべての条件式がfalse）の時にはelseの中が実行されます。

以下、まとめです。else if（条件式）はいくつでも増やすことができます。

```
if ( 条件式A ) {
  // 条件式Aが true の時に実行される処理
} else if ( 条件式B ) {
  // 条件式Bが true の時に実行される処理
} else if ( 条件式C ) {
  // 条件式Cが true の時に実行される処理
} else {
  // すべての条件式が false の時に実行される処理
}
```

if文の条件は「上から順番に」判定され、「どれか1つの条件式がtrueになったら、それ以外の処理は実行されない」ことに注意してください。つまり、条件式Aがtrueになったら、その時点でB、C、elseの処理は実行されない（条件式の判定がされない）、ということです。

if文をうまく使うと、

- 生年月日を入れると星座を教えてくれる
- 都道府県名を入れると県庁所在地を教えてくれる
- 郵便番号を入れると住所を教えてくれる

など、ユーザーの入力値に合わせて回答を変えることができる「botプログラム」が作れます。testifElse_2()関数を「おはよう」「こんにちは」以外の言葉（たとえば「こんばんは」）にも反応できるようにプログラムを書き換えてみると面白いでしょう。

条件分岐の強い味方！
比較演算子と論理演算子

何がYES/NOに
なるのか？

条件分岐をさせる際に押さえておきたいのが比較演算子と論理演算子です。言葉だけだと難しく聞こえますが、意味を知ってしまえば簡単です。

- 比較演算子：AとBを比べて、「Aが大きい／小さい／等しい」を
  判断するための記号
- 論理演算子：条件XとYがあるときに「XかつY（XとYがどちらもtrue）」
  「XまたはY（XとYの少なくとも1つがtrue）」のように
  条件を組合せるための記号

いずれも結果はtrueかfalseになります。
　本書ではこれら演算子のうち、よく使うものだけ紹介します。詳細な情報を知りたい場合は「JavaScript　比較演算子」「JavaScript　論理演算子」で検索してみてください。

比較演算子の例と使い方

表3-2 比較演算子の例

演算子	表記例	内容
===	a === b	aとbが等しいときにtrueになる
!==	a !== b	aとbが等しくないときにtrueになる
>	a > b	aがbより大きいときにtrueになる
>=	a >= b	aがb以上のときにtrueになる
<	a < b	aがbより小さいときにtrueになる
<=	a <= b	aがb以下のときにtrueになる

普段の生活では使わない記号として下記の2つに注意してください。

　左辺と右辺が「等しい」について、「100 === 100」のように、数字を比較することはイメージしやすいと思いますが、プログラムでは「"おはよう" === "おはよう"」のように「文字列」の比較もよくおこないます。「100 === 100」と「"おはよう" === "おはよう"」のどちらも true になります。

　「等しい」は「==」のように記号2つでも表せます。細かくは「===」を厳密等価演算子、「==」を等価演算子と呼び、違いはあるのですが、初学者のうちは「===」を使うことをおすすめします。詳しく知りたい方は「JavaScript　==　===　違い」「JavaScript 等価演算子」などで検索してみてください。

　もう1つ発展形として、大小比較についても触れておきます。たとえば10 < 30 はわかりやすいと思いますが、同様に、文字列や日付（後述）についても大小比較が可能です。たとえば "あ" < "い" は true になります。それぞれの文字ごとに、「文字コード（ざっくりいうと、1文字ごとの識別番号）」が定められており、その大小で比較がされています。ただ、文字コードを正しく把握しておかないと意図した動きにならないことがあるので、文字の大小比較はおすすめしません。これについても興味がある方は「JavaScript　比較演算子」や「JavaScript　文字コード」などで検索してみてください。

論理演算子の例と使い方

表 3-3 論理演算子の例

演算子	表記例	意味と内容
&&	a && b	ANDのこと。aかつb。 aとbが両方trueになるときにtrueになる
||	a || b	ORのこと。aまたはb。 aかbがtrueになるときにtrueになる
!	!a	NOTのこと。aではない。 aがfalseのときにtrueになる（aの真偽値が逆になる）

　表3-3の中で、特にANDとORの動きと書き方を確認するため、下記の関数を実行して、

ログを確認してください。

```javascript
// AND と OR の例
function testAndOr() {
  const age = 23;
  const gender = 'male';
  const job = '戦士';

  if( (age>=20) && (gender==='male') ) {
    console.log('年齢が20歳以上 かつ 性別は男性 です');
  }

  if( (job==='勇者') || (job==='戦士') ) {
    console.log('職業は勇者 または 戦士です');
  }
}
```

▶ ログ

```
年齢が20歳以上 かつ 性別は男性 です
職業は勇者 または 戦士です
```

ここで、if文の箇所は、下のどちらで書いても結果は同じです。

三 コード 3-4-2

```javascript
if( (age>=20) && (gender==='male') ) {
}

//または

if( age>=20 && gender==='male' ) {
}
```

どちらも、「ageが20以上かつgenderがmaleかどうか」という条件になります。コード
3-4では、前者の書き方をしています。「どこまでが条件のひとまとまりか」をわかりやす

くするためです。

　ここでためしに、サンプルのage, gender, jobの値を、下記のように変更してみましょう。

```
const age = 20; // 23から20に変更
const gender = 'female'; // male から female に変更
const job = '勇者'; // 戦士から勇者に変更
```

　この状態でプログラムを実行すると何が出力されるかわかりますか?

　1つ目のif文は「ageが20以上かつgenderがmale」かどうかです。条件を見ていくと、

- ● ageが20以上である　→　満たす(true)
- ● genderがmaleである　→　満たさない(false)

になります。これにより、1つ目のif文の結果は、次のようになります。

```
if( (age>=20) && (gender==='male') ) // 一つ目の条件式

if( true && false ) // それぞれの条件を比較した結果

if(false) // 結論
```

　&&は条件のどちらも満たさないとtrueにはなりません。よって最終的に、この式全体は if(false) と同じになります。そのため、最終文のconsole.logも実行されません。

　2つ目のif文は「job が 勇者 または job が 戦士」かどうかです。こちらも条件を見ると

- ● jobが勇者である　→　満たす(true)
- ● jobが戦士である　→　満たさない(false)

になります。これにより、2つ目のif文の結果はif(true ǁ false)です。ǁの場合は、条件のうちどちらかがtrueであればtrueになります。よって、最終的に条件式はtrueになり、

```
console.log('職業は勇者 または 戦士です');
```

が実行されます。

「条件Aかつ条件B」および「条件Aまたは条件B」について、それぞれどういう時にtrue、falseになるのか、をまとめたものが表3-4、表3-5です。たとえば表3-4の場合、条件Aと条件Bのどちらもtrueになったときだけ「A&&B」はtrueになります。当然、一方がfalseになったら、「A&&B」はfalseになります。

表3-4 「かつ(&&)」の評価結果

条件A	条件B	A && B の評価結果
true	true	true
true	false	false
false	true	false
false	false	false

表3-5 「または(||)」の評価結果

条件A	条件B	A || B の評価結果
true	true	true
true	false	true
false	true	true
false	false	false

演算子のくせもの、「NOT」を使いこなす

続いてNOTの動きを確認してみましょう。NOTは、「真偽値(trueかfalse)を反転させる」ことができます。ちょっとクセがありますので注意しましょう！

≡ コード 3-5

```
function testNot() {
  const a = 3;
  const b = -3;

  // 条件1
  if ( !(a > 0) ) {
    console.log("条件1がtrueになった");
  } else {
    console.log("条件1がfalseになった");
  }
```

```
    // 条件2
    if ( !(a === 0 || b > 0) ) {
      console.log("条件2がtrueになった");
    } else {
      console.log("条件2がfalseになった");
    }
  }
```

▶ ログ

条件1がfalseになった
条件2がtrueになった

　まず、条件1についてです。「条件1がfalseになった」とログに出ているため、if (!(a > 0))がfalseになったことがわかります。

　でも、aには3が入っているので、a>0は「真（true）」になりますよね。この結果を反転させ、trueをfalseにしているのがNOTつまり「!」の効果です（図3-8）。

図3-8　NOTの効果

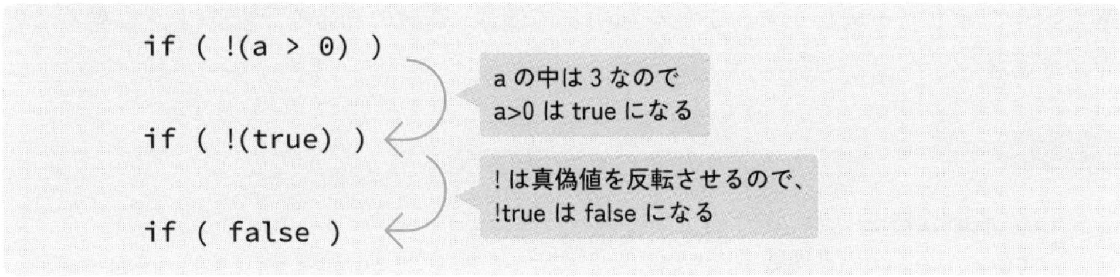

```
if ( !(a > 0) )
                      ┌──  aの中は3なので
                      │     a>0 は true になる
if ( !(true) )  ←────┘
                      ┌──  ! は真偽値を反転させるので、
                      │     !true は false になる
if ( false )    ←────┘
```

　「!はその後ろにある真偽値を反転させる」ことがポイントです。

　続いて条件2です。「条件2がtrueになった」というログが表示されています。つまりif (!(a === 0 || b > 0))がtrueになったということです。条件1と比べると、「条件が複数になっている」という違いがあるためややこしいですね。こんなときは、それぞれの条件がtrueになるのか、falseになるのか、図3-9のように整理して見ていけばわかると思います。

図3-9 trueなのか、falseなのか

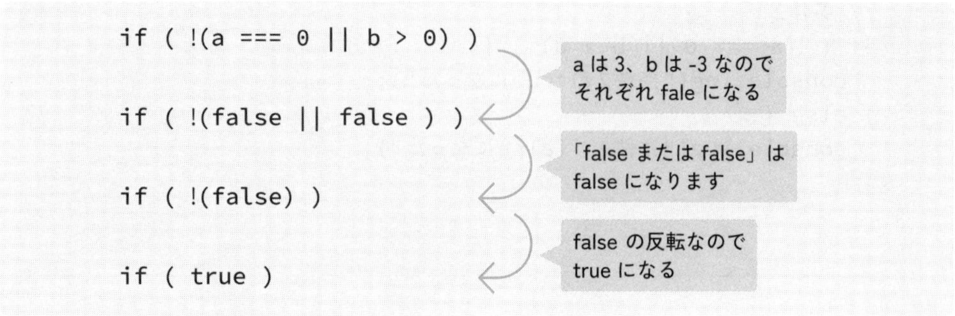

```
if ( !(a === 0 || b > 0) )

if ( !(false || false ) )

if ( !(false) )

if ( true )
```

a は 3、b は -3 なので
それぞれ fale になる

「false または false」は
false になります

false の反転なので
true になる

「偶数か、奇数か」の判定でifが使える

if文と今学んだ論理演算子、それから算術演算子を使って、「ある数が奇数か偶数かを判定したい」ときにどうすればいいかを考えてみましょう。

プログラムにおける「奇数（偶数）の判定」というのは定石があります。まず、「奇数」「偶数」の定義を考えてみると、奇数は「2で割り切れない整数」です。逆に偶数は「2で割り切れる整数」です。この性質を利用すれば、「2で割ったときの余りがゼロ（つまり割り切れる）なら偶数、そうでなければ奇数」といえます。

第2章の算術演算子で出てきた％がここで活躍します。number%2で、「numberを2で割ったときの余り」を表します。これを利用して偶数、奇数の判定を下記のように書くことができます。

≡ コード

```
if( number%2 === 0 ) {
  console.log("偶数です");
}

if( number%2 !== 0) {
  console.log("奇数です");
}
```

「奇数か偶数か」の判定を利用することは、プログラミングではよくあります。やり方を覚えておいてください。

プログラムの「値」には種類がある

数字と文字は違う
データ型なのです

これまで、「文字列」や「数字」をプログラム上で扱ってきました。これらをまとめて、プログラムでは「値（＝データ）」と呼びます。そして、これら値は、それぞれの種類に応じて、種類名や特性、扱い方などが決められています。これを、「データ型」といいます。表3-6に載せたものの中から、代表的なものを見ていきます。

表 3-6　データ型の例

データ型	説明
String	文字列
Number	数値。整数も小数も
Boolean	真偽値。true か false
undefined	値が未定義なこと
null	該当する値が無いこと
Object	オブジェクト
Symbol	インスタンスが固有で不変となるデータ型

String型とNumber型（文字列の型と数値の型）

JavaScriptにはtypeof演算子というものが用意されています。これはその値が「どの型なのか」を教えてくれるものです。

≡ コード 3-6

```
function dataType_1(){
  const message = "文字列です";
  const count = 100;

  console.log(typeof message);
```

```
    console.log(typeof count);
}
```

```
string
number
```

ログをみると、messageはstring型、countはnumber型の値であることがわかります。

次に、文字列と数値で注意しなければならない例を挙げます。下記を実行するとログには何が表示されると思いますか？

≡ コード 3-7

```
function dataType_2(){
  const num1 = "100";
  const num2 = 200;

  console.log(num1 + num2);
}
```

100と200を足しているので300が出力される......と思いがちなのですが、実際は100200が表示されます。どういうことでしょうか？

≡ コード 3-7 ※部分

```
  const num1 = "100";
```

上のコードの「100」はダブルクオーテーションが付いているので、「100」という「文字列」になります。つまりnum1 + num2は「文字列」と「数値」を＋で繋いでいることになります。

「文字列連結」のところでも学習しましたが、

118

```
const str1 = "こんにちは";
const str2 = "こんばんは";
console.log(str1 + str2);
```

　これの出力結果は「こんにちはこんばんは」になりますよね？　これと同じで、以下のような JavaScript のルールがあります。

ルール

● 演算子で計算されるものの中に文字列が含まれると、その計算結果は文字列として判断される

　そのため "100200" が出力されるのです。
　余談になりますが、「文字列の "100" を数字に変換したいとき」は parseInt() という関数が用意されています。

コード 3-8

```
function dataType_3(){
  const num1 = "100";
  const num2 = 200;

  console.log(parseInt(num1) + num2);
}
```

　このコードだと、ログ出力結果は 300 になります。parseInt() の () の中に数を表す文字列（string）を入れると、それを数値（number）に変換してくれるのです。
　次に、数字ではない文字を parseInt() するとどうなるでしょうか。

コード 3-9

```
function dataType_4(){
  const num1 = "あ";
  console.log(parseInt(num1));
}
```

このコードのログ出力結果はNaNとなります。これはNot a Numberの略で「数字じゃないよ」という意味です。

Boolean型（真偽値の型）

Boolean型というのは真偽値、つまりtrueかfalseのことです。プログラムを書くうえで「何がtrueで何がfalseになるのか」を理解しておくことはとても重要です。下記のコードで動作を確認してみましょう。ifの条件式がtrueであれば、「その1」や「その2」が出力されます。コードを書きながら、それぞれの条件式がtrueになるのかfalseになるのか考えてみてください。

▤ **コード3-10**

```
function dataType_5() {
  if (5 < 10) {
    console.log("その1");
  }

  if (true) {
    console.log("その2");
  }

  if (false) {
    console.log("その3");
  }

  if (100) {
    console.log("その4");
  }

  if ("あああ") {
    console.log("その5");
  }

  if ("false") {
    console.log("その6");
  }

  if ("") {
```

```
    console.log("その7");
  }

  if (undefined) {
    console.log("その8");
  }
}
```

▶ ログ

```
その1
その2
その4
その5
その6
```

【その1】(5<10)は「5は10よりも小さい」は成り立つのでtrueになります。

【その2】条件式として、(true)を指定しています。これは"true"という文字列ではなく、trueというboolean値のことなので、条件式はtrueになります。

【その3】その2と同様、(false)も"false"という文字列ではなく、falseというboolean値のことです。よって、条件式はfalseになり、「その3」は出力されていません。

【その4・5・6】(100)は数値で("あああ")は文字列です。JavaScriptでは「値が存在すること」自体がtrueと判定されます。ここでは100や"あああ"や"false"という値そのものがifの条件式として()の中にあり、if(100)もif("あああ")もif("false")もすべてif(true)と判断されます。"false"は、ダブルクオーテーションでくくらなければ「boolean値」と判断されfalseになりますが、ここではくくられているので文字列と判断されています。

【その7】("")は「カラ文字」と呼ばれるもので、「ダブルクオーテーションでくくっているが、中身がなにもない」状態です。これはfalseと判断されます。上の例と逆のパターンで、「値が存在しない」ためif("")はif(false)と判断され、「その7」は出力されません。

【その8】undefinedというのは「値が未定義である」ことを表すデータ型になります。未定義なものはfalseと判断されます。

undefinedはfalseになる

undefinedについて、自分でif(undefined)と書くことはないと思いますが、「undefinedはfalseと判定される」ことを覚えておいてください。現場でよくある例として、「変数を作ったのに何も値を入れていない場合」はfalseになります。

☰ コード 3-11

```javascript
function testUndefined(){
  let a;
  console.log(a);

  if(a){
    console.log("aはtrue");
  }else{
    console.log("aはfalse")
  }
}
```

▶ ログ

```
undefined
aはfalse
```

aという名前の箱（変数）を作っていますが、中に何も入っていません。この状態でconsole.log(a)するとundefinedがログに出力されていることがわかります。

さらにif(a)の結果として「aはfalse」と表示されているので、if(a)はif(false)と判断されたことがわかります。

true、falseの判定としては上記を押さえておけば大丈夫と思いますが、もっと詳細を知りたい方は「JavaScript　false」などで検索して調べてみましょう。

理解度確認テスト❷
たかし君のテスト

成績判定プログラムを
作ってみましょう！

ここでも理解度確認テストとして、学習したことをアウトプットしてみましょう。第3章で学んだ「if文による条件分岐」を使って下記の問題を解いてください。問題を解くにあたって、本書を見返したりWebで調べたりするのはOKです。

問題

たかし君は国語、算数、英語のテストを受けました。
国語は80点、算数が100点、英語は60点でした。
この学校では3教科の平均によって下記のように成績が決まっています。

- 80点以上：優
- 60点以上80点未満：良
- 40点以上60点未満：可
- 40点未満：不可

また、お母さんから「平均点が75点以上だったらお小遣いup」を約束されています。たかし君の各教科の点数に応じて、

- 成績
- お小遣いアップできるか否か

を出力するプログラムを書きなさい。ただし出力は下記のフォーマットとします。

▶ ログ

今回のたかし君の平均点は〇点です。
よって成績は「〇（優、良、可、不可のいずれか）」でした。

小遣いアップ(「できました」あるいは「できませんでした」)

ヒント

いきなりゼロから書き始めるのはたいへんだと思いますので、下記に枠組みだけ作っておきました。これに書き込んでいく形でプログラムを完成させてください。

≡ コード 3-12

```
function takashiGrade() {
  const kokugo = 80;
  const sansu  = 100;
  const eigo   = 60;

  // 必要なモノはこれ
  let average; //平均をだすのは理解度確認テスト1でやりましたね!
  let grade;   //成績(優,良,可,不可のいずれかをいれるところ)

  //averageを計算して出力
  average = ...
  console.log("今回のたかし君の平均点は...");

  //averageの値によりgradeを判定する(gradeは4段階ある)
  if (average ...) {
    grade =
  } else if (...){
    grade =
  }...



  //お小遣いアップできるかを出力
  if (average ...


}
```

この関数を実行し、出力結果が下記のようになればOKです。

▶ ログ

今回のたかし君の平均点は 80 点です。
よって成績は「優」でした。
お小遣いアップできました。

次の項目も読んでから書き始めてください。

プログラムは、小さく書いて育てていく

普通、プログラムを書くときは、「全部を書いてから動作確認する」わけではありません。本には完成形のコードがいきなり載っているので、すべて書き終わってから実行するように見えてしまうかもしれませんが、2章の最後にも書きましたが、実際は完成形を作るまでに「1行書いて、実行して、エラーが出て、悩んで、直して、実行して……」を繰り返しています。

今回のプログラムを「少しずつ書いていく」というのは下記のイメージです。

≡ コード 3-12 ※部分

```
function takashiGrade() {
  const kokugo = 80;
  const sansu  = 100;
  const eigo   = 60;

  // 必要なモノはこれ
  let average; //平均
  let grade;   //成績

  // 平均を出すために「合計」を出したい。計算できているか確かめる
  // この2行だけを書いて実行してログを確認する
  const total = kokugo + sansu + eigo;
  console.log(total);
}
```

ここで、「合計を出す」ために一番下の2行を書いた時点で、一度実行して動作を確認します。結果、ログに240が出ていれば「ここまでは意図したように動いている」ことが確認できたことになります。そうしたら次は、「合計値を使って平均値を出す、を書いてみる」「これが動いていることが確認する」「次は平均値によってif文で分岐させる……」というように、順番に一歩ずつ進めていきます。

　このように進めるメリットとして、

「さっきまで動いていたのに、次の1行を書いたらエラーになった。それなら、今書いた1行がアヤシイ！」

のように、問題の特定がしやすくなることが挙げられます。プログラムを書くことに慣れるまでは、特に意識して「小さく書いて実行」するようにしましょう。

便利なデバッガ機能を活用しよう

　上の例では、中身を確認したい値（total）をログに出力（console.log）することで確認しましたが、これをしなくても、変数の中身を簡単に確認する方法があります。この、「デバッガ機能」についてもあわせて知っておきましょう（図3-10、図3-11）。

図 3-10　デバッガ機能の使い方　その1

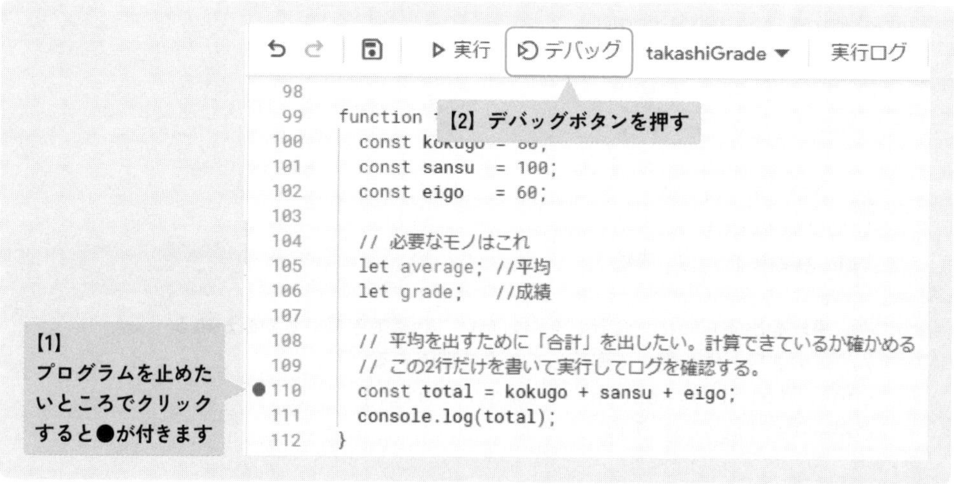

```
98
99    function ▼  【2】デバッグボタンを押す
100       const kokugo = 80;
101       const sansu  = 100;
102       const eigo   = 60;
103
104       // 必要なモノはこれ
105       let average; //平均
106       let grade;   //成績
107
108       // 平均を出すために「合計」を出したい。計算できているか確かめる
109       // この2行だけを書いて実行してログを確認する。
110       const total = kokugo + sansu + eigo;
111       console.log(total);
112    }
```

【1】
プログラムを止めたいところでクリックすると●が付きます

図 3-11 デバッガ機能の使い方　その2

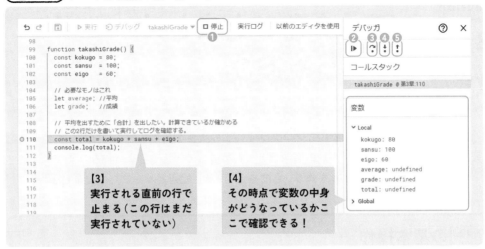

どうでしょうか？　この機能、とても便利だと思いませんか？　「デバッガ」のところにある各ボタンの意味は、次のとおりです。

❶停止：プログラムを終了します

❷再開：続きからプログラムを再開します。次のデバッグポイントまで進みます。次のデバッグポイントがない場合はプログラムが終了するまで進みます

❸ステップオーバー：ハイライトされている1行を実行します。その1行が関数だった場合（関数の中で関数を呼び出している場合※）は、呼び出されている関数「全体」を実行したあと、呼び出し元の関数の次の行に進みます）

❹ステップイン：ハイライトされている1行を実行します。その1行が関数だった場合（関数の中で関数を呼び出している場合※）は、呼び出されている関数の中に進み、その「最初の1行」を実行します

❺ステップアウト：現在の関数を最後まで実行します

※「関数の中で関数を呼び出す」方法は、第4章で説明します。※印以下の説明は、その後に見返して理解してもらえれば問題ありません

デバッグ機能はとても強力なので、活用していきましょう！

......前置きが長くなりましたが、それでは「たかし君の点数」のテストにチャレンジしてみてください。解答例は、巻頭に案内したURLから見ることができます。

「配列」を使って、データをひとまとめにしちゃおう

重要な
ポイントです！

「条件分岐」に続いて、こちらもプログラミングの重要な要素である「配列」について学習します。配列を使うと「複数の値をひとまとめにして扱える」ようになります。

新しくスクリプトファイルを作り、名前を「第3章_配列とループ」にしましょう。

 ## 配列の基本操作

定数・変数は「1つの箱に1つの値」を入れて扱うことができました。配列は「複数の箱が連なった1つの箱」として扱うことができます（図3-12）。

図 3-12 定数・変数と配列の違い

定数・変数 は1つの値を格納できる。

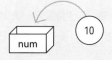

```
const num = 10;
```

配列 は複数の値を格納できる。

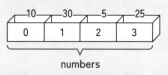

```
const numbers = [10, 30, 5, 25];
```

配列に関することととして、図3-13の用語を覚えておきましょう。

要素：箱の中身のこと

インデックス：0から始まる箱の順番

書き方：[ ]の中に、カンマ区切りで要素を指定する

128

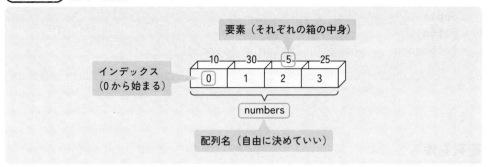

図 3-13　配列の用語

図3-13ではnumbersという名前の配列が存在しており、要素として、10, 30, 5, 25を持っていることになります。

それでは、実際にコードを書いて配列を操作します。「第3章 _ 配列とループ」のスクリプトファイルに下記を書いてみましょう。

≡ コード 3-13

```
function testArray() {
  const fruits = ['banana', 'orange', 'apple'];

  // インデックスが2の要素を取り出す
  console.log(fruits[2]);

  // インデックスが2の要素を上書きする
  fruits[2] = 'melon';
  console.log(fruits[2]);

  // インデックス3に要素を追加する
  fruits[3] = 'peach';
  console.log(fruits); // これで「配列」を出力できる
}
```

このコードではbanana、orange、appleの3つのフルーツが入っている配列、fruitsを用意して、要素の取得、上書き、追加をおこなっています。

この関数を実行してみましょう。コードの中にconsole.log()が3回出てきますが、それぞれ何が出力されるかを、コードとログを見ながら確認します。下記のようなログが出力されれば成功です。

```
apple
melon
[ 'banana', 'orange', 'melon', 'peach' ]
```

では1行ずつ見ていきましょう。

配列を作る

≡ コード 3-13 ※部分

```
const fruits = ['banana', 'orange', 'apple'];
```

プログラムを読むときはイコールの右辺から見ていくと理解しやすいです。この場合は

- 右辺で['banana', 'orange', 'apple'] という３つの要素を持つ配列を作る
- それをfruitsという定数（左辺）に代入する

という意味です。[]（角カッコ）は配列を表す記号です。()や{}とはまた別になるため、まちがえないように注意しましょう。
次の行を見てみます。

配列の要素を取り出し／上書きする

≡ コード 3-13 ※部分

```
// インデックスが2の要素を取り出す
console.log(fruits[2]);
```

配列名[インデックスの数字]で、配列内の各要素を指定することができます。
fruits[2]で、「fruits配列のインデックスが2の要素」を意味します。よって、ここでは'apple'が出力されています。インデックスは0から始まることに注意してください！

次の行に進みます。

```
    // インデックスが2の要素を上書きする
    fruits[2] = 'melon';
    console.log(fruits[2]);
```

　ここでは'melon'という文字列をfruits[2]に代入（上書き）しています。代入した結果、fruits[2]の要素は'melon'になります。その後にconsole.log(fruits[2]);しているため、出力結果はmelonになります。

　最後の行を見てみましょう。

```
    // インデックス3に要素を追加する
    fruits[3] = 'peach';
    console.log(fruits); // これで「配列」を出力できる
```

　ここまではfruits[2]までしか要素がありませんでした。それを、以下のように記述することで、fruits[3]の箱を追加し、さらに'peach'をfruits[3]に入れています。そして最後にconsole.logで、結果を出力しています。

```
  fruits[3] = 'peach';
  console.log(fruits);
```

▶ ログ

```
  [ 'banana', 'orange', 'melon', 'peach' ]
```

　peachが配列に追加されていることが、ログからわかりますね。ここまでのポイントをまとめると、以下のとおりです。

「配列の中身の変更」なら const でも OK

ここで、次のような疑問を持った方はいますか？

三 コード 3-13 ※部分

```
const fruits = ['banana', 'orange', 'apple'];
fruits[2] = 'melon';
```

これは、const で宣言した fruits 配列に対して、その後に値を変更しています。でも、「const で作るのは定数だから、上書きできない」はず。エラーになってしまうのでは!?　なんでエラーにならないの？

　……実はこれは「fruits 定数の中の、要素 [2] の中身を変更しているだけ」なのでエラーにはならないのです。

　一方で、次のように「fruits 定数に配列を再代入しようとする（「fruits 定数自体を上書きしようとする）」と、これはエラーになります。

三 コード

```
const fruits = ['banana', 'orange', 'apple'];
fruits = [1,2,3]; //上書きしようとするとエラーになる
```

もし、fruits 配列の中身を 1,2,3 としたいなら、以下のように書く必要があります。これは、「各要素の中身を入れ替えている」という扱いになり、「fruits 配列に配列を再代入している」ことにはならないため、エラーは起きません。

三 コード

```
const fruits = ['banana', 'orange', 'apple'];
fruits[0] = 1;
```

```
    fruits[1] = 2;
    fruits[2] = 3;
```

「道具」を使って、配列をもっと便利に扱おう

　GASには、配列をより便利に扱うための「道具」がたくさん用意されています。ここではその中から4つ紹介します。下記のコードを実行してみてください。

▤ コード 3-14

```
function testArray_2() {
  const fruits = ['banana', 'orange', 'apple'];

  // 配列の要素数(最大「インデックス」ではなく「要素数」)
  console.log(`${fruits.length} つの要素があります`);

  // 配列の最後に要素を追加する
  fruits.push('grape');
  console.log(fruits);

  // 配列内に指定した要素が含まれているかどうか
  console.log(fruits.includes('orange'));

  // 配列の中身をつなげて文字列にする
  const joined = fruits.join('と');
  console.log(joined);

}
```

▶ ログ

```
3 つの要素があります
[ 'banana', 'orange', 'apple', 'grape' ]
true
bananaとorangeとappleとgrape
```

上からプログラムの内容を見ていきましょう。今回も3つのフルーツが入ったfruits配列を作っています。ここまでは、先ほどと同じです。

≡ コード 3-14 ※部分

```
const fruits = ['banana', 'orange', 'apple'];
```

length ： 配列の要素数（長さ）

最初に紹介するのはlengthです。「配列名.length」と書くことで、「配列の要素数」を知ることができます。

≡ コード 3-14 ※部分

```
// 配列の要素数(最大「インデックス」ではなく「要素数」)
console.log(`${fruits.length} つの要素があります`);
```

今は3つの要素があるので、ログに「3つの要素があります」と出力されています。lengthは、英語で「長さ」という意味です。fruits.lengthは「fruits配列の長さ」と、英語として読めば理解しやすいと思います。ちなみに、コード内の${}は、第2章で学習したテンプレートリテラルを使っています。

push() ： 配列の最後に要素を追加する

2つ目はpush()です。「配列名.push(値)」で、「配列の一番後ろに値を追加する」という意味になります。下記のコードを追加して配列fruitsを出力すると、要素が4つになります。

≡ コード

```
// 配列の最後に要素を追加する
fruits.push('grape');
```

▶ ログ

```
[ 'banana', 'orange', 'apple', 'grape' ]
```

ここで、コード3-13で出てきた以下のコードも、「要素を追加する」プログラムでした。

≡ **コード 3-13** ※部分

```
fruits[3] = 'peach';
```

ただこの場合は、追加したいインデックス([3])を指定する必要がありました。今回のpush()はインデックスの指定は不要で、「いまある配列の一番後ろに追加する」という命令になります。push()はよく使うため、覚えておきましょう。

includes() : 配列内にその要素が存在するかを調べる

≡ **コード 3-14** ※部分

```
fruits.includes('orange');
```

3つ目はinclude()です。「配列名.includes(値)」と書くことで、「配列の中に、()内の値が含まれているかどうか」を調べることができます。含まれていればtrue、含まれていなければfalseになる決まりです。サンプルコードでは、ログにはtrueが出力されているため、「fruits配列の中にorangeという値が存在する」ことになります。

join() : 配列の要素をくっつけて文字列にする

4つ目はjoin()です。配列名.join(区切り文字)と書くことで、配列の要素を()内の区切り文字でつないで、一つの文字列にしてくれます。

≡ **コード 3-14** ※部分

```
fruits.join('と');
```

▶ **ログ**

```
bananaとorangeとappleとgrape
```

今回は区切り文字に「と」を指定しているため、各要素を「と」でつないだ文字列が出力されています。

応用として、今のログは1行ですべて出てしまいましたが、実務で配列の中身を全部書

き出したいときには、それぞれの要素ごとに改行したいことがあります。その場合は、下記のように区切り文字として \n と指定すると、改行された文字列が出力できます。

≡ コード 3-14-2

```
fruits.join('\n');
```

▶ ログ

```
banana
orange
apple
grape
```

この4行は4つの文字列ではなく、「改行を含む1つの文字列」になります。

配列に関わらず、プログラムにはこれらの「道具」がたくさん用意されています。もちろん覚えていることに越したことはありませんが、大事なのは「困った時に調べられるスキル」と、「自分のやりたいことが明確にわかるスキル」です（私も覚えているのはよく使うものだけです）。たとえば「配列の順番を逆にしたい」場合は「JavaScript 配列 逆」などで調べると reverse() にたどり着けますし、使い方のサンプルが載っています。それを元に理解していければいいと思います。

ここまで説明した4つの命令の違いとして、length には、最後に () は付かないことに注意してください。fruits.length() と書くと、エラーになってしまいます。これは、第4章にて説明しますが、length は「オブジェクトのプロパティ」、push() は「オブジェクトのメソッド（関数）」というものになるからです。

配列が配列の要素にもなる!?

配列の要素として配列を入れることもできます。

≡ コード 3-15

```
function ArrayInArray() {
  const numbers1 = [10,20,30];
  const numbers2 = [40,50,60];
```

```
    numbers1.push(numbers2);
    console.log(numbers1);
  }
```

▶ ログ

```
[ 10, 20, 30, [ 40, 50, 60 ] ]
```

　以下の箇所で、「numbers1配列の最後の要素に、numbers2配列を追加」しています。ここではnumbers2自体が配列になっています。図3-14も、あわせて確認してください。

≡ コード 3-15 ※部分

```
    numbers1.push(numbers2);
```

図 3-14 配列の中に配列が入る

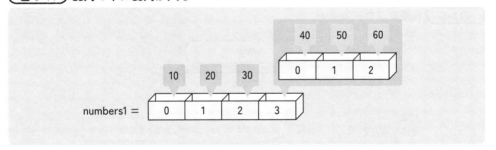

配列に入った配列の要素の取り出し方

　今回のコード3-15で、numbers1[1]で20が取り出せるのは先ほど学習したとおりです。では、要素60を取り出したいときはどうするかというと、numbers1[3][2]と書きます。

　いま、numbers1[3]の要素が[40, 50, 60]という配列になっています。そのため、numbers1のインデックス[3]に対するインデックス[2]、という意味でnumbers1[3][2]と書くと60が取り出せるわけです。

　「配列の中に配列が入っている」この状態を「二次元配列」と呼びます。GASでGoogleスプレッドシートを扱う時には、二次元配列を扱うことになります。これは後ほど詳しく解説します。ここでは「配列の要素には配列も入れることができる」と覚えてください。

繰り返す処理は
ループで解決

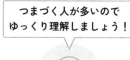

つまづく人が多いので
ゆっくり理解しましょう！

配列に続き、「繰り返し」を説明します。GAS（JavaScript）は「繰り返し処理」をするための方法がいくつか用意されているのですが、ここでは基本となる for 文を説明します。

なお、プログラムでは繰り返しのことを「ループ」といいます。

ループといえば for 文

ループとは、プログラムの3大原則「順次、分岐、反復」のうち、「反復」のことです。「条件を満たす間は処理を繰り返す」ことを指します。

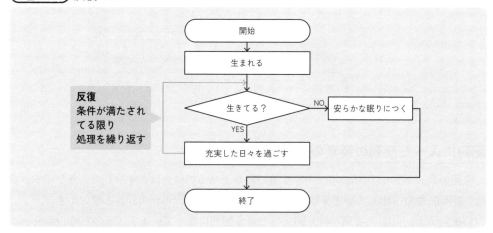

図 1-6 反復のフロー ※再掲

私が社内でGASレクチャーをした経験からすると、この「ループ」でつまづいてしまう人が多いです。そのため、教える側も試行錯誤してきました。できるだけわかりやすく説明していますので、ゆっくり、じっくり理解していきましょう。

では、for 文の学習を進めます。

たとえば「1以上10以下の整数を小さい順に出力するプログラムを書いてください」と

いわれたらどうしますか？　出力結果が下記のようになるプログラムです。

```
1
2
3
4
5
6
7
8
9
10
```

ここまでの本書で出てきた知識だけで書くなら、コード3-16のように書けます。

≡ コード 3-16

```
function test1to10() {
  console.log(1);
  console.log(2);
  console.log(3);
  console.log(4);
  console.log(5);
  console.log(6);
  console.log(7);
  console.log(8);
  console.log(9);
  console.log(10);
}
```

......なんだかイケてない感ありますよね。もっとうまく書ける方法がありそうですよね。

ここで視点をかえて、「出力する数字は異なるけど、数字を出力するという処理を10回繰り返す」プログラムとして考えてみましょう。

こういうときは**for文**の出番です。次のように書いても、同じ出力結果になるのです。

```
function testLoop() {
  for(let i=1; i<=10; i++){
    console.log(i);
  }
}
```

for文の3つの式

for文の書き方を解説します。まず、forの後ろの( )の中には3つの式が入ります。

コード

```
for( 式1; 式2; 式3)
```

「反復」とは「条件を満たす間は処理を繰り返す処理」のことでした。for文ではこの「処理を繰り返すための条件」を、3つの式で記述します。意味は以下のとおりです。

ルール

式1：ループカウンタを初期化する
式2：この式がtrueになるなら処理を繰り返す（条件式）
式3：処理が1回終わったあとにおこなわれる処理を書く

コード

```
for(let i=1; i<=10; i++){
```

3つの式の具体例

式1：ループカウンタとしての変数iを宣言し、1を代入する
　　　（ループの回数のカウントを1から始める）

式2：i<=10 を満たす限りは繰り返す

式3：1回の処理（※）をしたらiに1を足す

※「処理」とは{ }の中、つまり testLoop()においては console.log(i);のことです。i＋＋で、iに1を足すという意味です。詳しく知りたい方は「インクリメント演算子」で検索をしてみてください

forの流れをフローチャートで把握しよう

ここで、図3-15で、コードとフローチャートを対応させながら処理の流れを見てみましょう。

図 3-15 for文をフローチャートで表現する

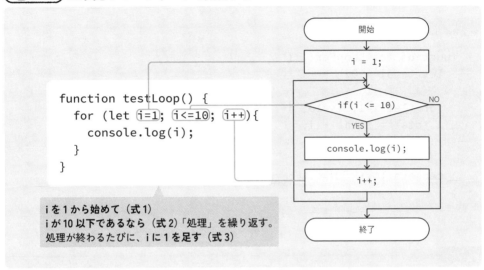

```
function testLoop() {
  for (let i=1; i<=10; i++){
    console.log(i);
  }
}
```

iを1から始めて（式1）
iが10以下であるなら（式2）「処理」を繰り返す。
処理が終わるたびに、iに1を足す（式3）

どうでしょうか。フローチャートを順に追っていくとその時点でiの中身がどう変化していくかがわかると思います。

より理解を深めるためには「自分でプログラムを変更してみる」のがいいです。どこを変えるとどこに影響するのか、を理解することはとても重要です。たとえば上記のi=1やi<=10の数字を変えて実行して、出力結果がどう変わるかを確認してみましょう。たとえば以下のtestLoop_2関数なら、ログには10から50までが出力されます。

≡ コード 3-18

```
function testLoop_2() {
  // testLoopから数字を変えた
  for(let i=10; i<=50; i++){
    console.log(i);
  }
}
```

左辺 = 左辺 + 1?

次にforを使って、「1+2+3+4+5+6+7+8+9+10という計算をして"合計は 55 です"を出力するプログラム」を書いてみます。下記の関数を実行してみましょう。

≡ コード 3-19

```javascript
function testLoopFor() {
  let total = 0;

  for (let i=1; i<=10; i++) {
    total = total + i;
  }

  console.log(`合計は ${total} です`);
}
```

▶ ログ

合計は 55 です

つまずきそうなのは、for文の中身です。

≡ コード 3-19 ※部分

```javascript
  total = total + i;
```

ここで「あれ?」ってなるかもしれませんね。この形はfor文ではよく使うので、1つずつ解説していきます。

まず「=」は、「右辺を左辺に代入する」という意味でした。よって、この文全体は右辺にある「totalにiを足した値」を左辺のtotalに代入する、という意味になります。という意味になります。たとえば今totalが1で、iが2だった場合、この式は

total（中身は1） = total（中身は1） + i（中身は2）

です。この1行が実行されたあとはtotalの中身は3になります。

　直感的にわかりにくいと思うので、サンプルコードを順に追っていきます。ここはとても重要なのでコード内の番号の順にゆっくり1行ずつ確認していきましょう。

1回目のループまでの処理の流れ

≡ コード 3-19 ※再掲

```
【5】結果としてtotalの中身が1になる

function testLoopFor() {
  let total = 0;          【1】totalに0が代入される

  for (let i=1; i<=10; i++) {      【2】iに1が代入される
    total = total + i;
  }                                 【3】total(中身は0) + 1
      【4】【3】の結果をtotalに代入
  console.log(`合計は ${total} です`);
}
```

ここまでで1回目の繰り返しの処理が終わり、2回目の処理が同様に始まります。

2回目のループの流れ

≡ コード 3-19 ※部分

```
【9】結果としてtotalの中身が3になる

function testLoopFor() {
  let total = 0;

  for (let i=1; i<=10; i++) {      【6】iに2が代入される
    total = total + i;
  }                                 【7】total(中身は1) + 2
      【8】【7】の結果をtotalに代入
  console.log(`合計は ${total} です`);
}
```

　上記の【6】から【9】が実行されます。totalの中身が「2」になった状態から、1回目と

同じ処理がおこなわれます。

どうでしょうか。イメージできましたか？　視覚的に処理の流れが追えるよう、全体を
フローチャートにすると、図3-16のようになります。

図 3-16 全体のフローチャート

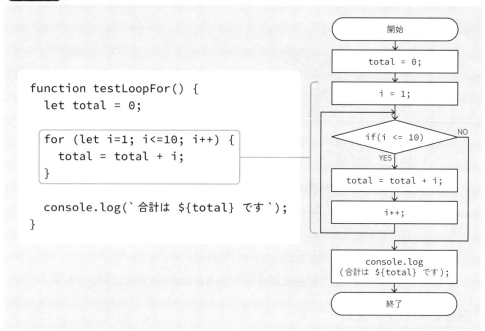

さらに詳しく処理を追うには、「デバッグ機能」のステップ実行を活用してみてくださ
い。1行ずつプログラムを進めていきながら、totalやiの中身がどう変わっていくのかを目
で見ることができます。図3-17のように、let total ＝ 0にデバッグポイントを置くと、一行
ずつプログラムを進めていきながらtotalやiの値がどう変化するかを確認できます。

図 3-17 デバッグ機能

ここで2つ、補足しておきます。

const ではなく let を使うとどうなる？

1つ目は、2行目にある let total = 0;のところで、let ではなく const を使ったらどうなるか？ です。この場合、const は定数のため、再代入できません。そのため、total = total + i;の箇所で、エラーが出てしまいます。

定数・変数のところで「let の使いどころ」について触れましたが、この例のように「箱を用意した後、この箱に入る値を更新していく」ときには let を使います。

加算代入の書き方

「total = total + i;」は「total += i;」と書くこともできます。これは「加算代入」と呼ばれる記法です。下記の例だと「5」が出力されます。

≡ コード

```
let a = 2;
console.log(a+=3);
```

さてここまでで、for の基本形を学習しました。次は、「ループをやめたい時」と「ループをスキップしたいとき」の書き方を説明していきます。

forを発展させてみよう
～ break と continue

処理を止めるか、
次に行くか。

breakでループをやめる

for文によるループを途中でやめたいときには、breakを使います。

コード3-20は、先ほどと同じく1から10までの整数を出力するプログラムです。ただし今度は、「1から5までは出力して、6以上になったら出力しない（ループ処理を止めたい）」とします。

≡ コード3-20

```javascript
function testLoopBreak() {
  for(let i=1; i<=10; i++){
    console.log(i);
    if( i>=5 ) {
      break;
    }
  }
  console.log("終了しました。");
}
```

▶ ログ

```
1
2
3
4
5
終了しました。
```

for文とifを組合せる

このコードでは、for文の中でif文を使っています。まず、ifの条件式でiの値が5以上かどうかを判定し、その判定がtrueなら、breakを実行する処理になっています。

☰ コード 3-20 ※部分

```
    if( i>=5 ) {
      break;
    }
```

このとき、breakが実行されると、ループ(for{ })の文の処理は途中で抜けて、そのまま次の処理(console.log("終了しました"))に移ります。本来は、iが10になるまで実行されるはずだったところ、breakがあったことで、iが5の段階で処理がストップしたのです。

☰ コード 3-20

```
function testLoopBreak() {
  for(let i=1; i<=10; i++){
    console.log(i);
    if( i>=5 ) {
      break;
    }
  }
  console.log("終了しました。");
}
```

i>=5になったらbreakが実行される

breakが実行されると
for{}の次の処理に移ります

目的に合えば書き方はいろいろ

コード3-20は、下記のプログラムでも出力結果は同じになります。

☰ コード 3-20-2

```
function testLoopBreak_2() {
  for(let i=1; i<=10; i++){
    if( i>=6 ) {
      break;
    }
    console.log(i);
  }
```

```
    console.log("終了しました。");
  }
```

コード3-20とコード3-20-2の違い、わかりますか?

if文の位置がポイントです。コード3-20では「出力した後にiを判定」、コード3-20-2では「iを判定した後に出力」をしており、「どのタイミングでiを判定するか」が異なっています。そのため、if(i>=5)と if(i>=6)のように判定する値(5か6か)が異なるのです(こういうのってパズルみたいで楽しくないですか?)。

今回のプログラムで実現したいことは「(1から10まで繰り返す中で)1から5までは出力して、6以上になったら出力しない(処理を止める)」なのですが、これを実現するプログラムを実現するやり方は一つだけじゃないよ、という例でした。

continueで処理をスキップできる

続いて、「1から10の整数のうち、奇数だけを出力したい」としましょう。

これは、breakのときと同じく、「あるタイミングでiの値をみて、偶数か奇数かを判定する」ことで実現できます。下記の関数を実行してログを見てみましょう。

≡ コード 3-21

```
function testLoopContinue() {
  for(let i=1; i<=10; i++){
    if( i%2 === 0 ) {
      continue;
    }
    console.log(i);
  }
  console.log("終了しました。");
}
```

```
1
3
5
7
9
終了しました。
```

iを2で割ったときの余りが0である（つまりiが偶数である）とき、continueが実行されます。continueが実行されると、ループ内のそれ以降の処理はおこなわれず、次のループに移ります。次のループに移るときにi++が実行されるので、iの値は1つ増えます。

≡ コード 3-21

```javascript
function testLoopContinue() {
  for(let i=1; i<=10; i++){
    if( i%2 === 0 ) {
      continue;
    }
    console.log(i);
  }
  console.log("終了しました。");
}
```

> continueが実行されると（それより下にある処理は実行されず）次の繰り返しに移ります

break, continueともに、ループ処理をするときに活躍しますので覚えておきましょう。

理解度確認テスト❸
forによるループ

ループ、理解
できましたか？

ここではfor文を使ったプログラム課題をやってみましょう。

ループの課題

1から100の整数のうち、奇数だけを足した値を出力する、loopTest()関数を完成させてください。1+3+5+7+9...+99 ＝ 2500になるので、「2500」が出力されたらOKです！（解答例はダウンロードできます。詳細は巻頭を参照）。

≡ コード 3-22

```
function loopTest() {
  let total = 0;

  // forを使って1から100まで繰り返します
  // 奇数だけをtotalに足していきます
  // 奇数かどうか、はif文を使います

  console.log(total);
}
```

配列とループの使いどころを学ぼう

配列とループを組合わせます！

ここまでのこの章で「配列」と「繰り返し（ループ）」を学びました。この2つを組合せると、「配列の要素をforを使って取り出す」ことができるようになります。

実務において「配列の要素をforを使って取り出す」ことは非常に頻繁におこなわれます。なぜかというと、スプレッドシートのデータをまとめて取得すると、配列になっているからです。

では、コードを見ていきましょう。

≡ コード

```
const fruits = ['banana', 'orange', 'apple'];
```

上のように、フルーツが入った配列があるとして、この配列の中身を1つずつ取り出し各要素の後ろに"が好きです"という文字列をくっつけて出力したいとします。

▶ ログ

```
bananaが好きです
orangeが好きです
appleが好きです
```

パッと思いつくのは、配列のインデックスを指定して要素を取り出し、ログに出力するやり方です。これで思い通りの結果を得られます。

≡ コード 3-23

```
function testArray_3() {
  const fruits = ['banana', 'orange', 'apple'];

  console.log(fruits[0] + 'が好きです');
```

```
    console.log(fruits[1] + 'が好きです');
    console.log(fruits[2] + 'が好きです');
  }
```

しかしこれだと、次のように要素を追加していくと、console.logの文も追加していくことになります。

≡ コード

```
  const fruits = ['banana', 'orange', 'apple', 'peach'];
```

4つならまだなんとかなりそうですが、5つ、6つ、7つ、と増えるたびに書いていくのはとてもたいへんですよね。ここで注目してほしいのが、fruits[i] の部分です。

≡ コード 3-23

```
  function testArray_3() {
    const fruits = ['banana', 'orange', 'apple'];

    console.log(fruits[0] + 'が好きです');
    console.log(fruits[1] + 'が好きです');
    console.log(fruits[2] + 'が好きです');
  }
```

fruits[i] の i を1ずつ増やして「繰り返している」

この構図、for文の最初に出てきた以下と似てませんか?

≡ コード 3-16 ※再掲

```
  function test1to10() {
    console.log(1);
    console.log(2);
    console.log(3);
    console.log(4);
    console.log(5);
    console.log(6);
    console.log(7);
```

```
    console.log(8);
    console.log(9);
    console.log(10);
  }
```

つまり、「配列の要素をループを使って取り出す方法がある」ということです。いくつかありますが、ここでは「これは絶対覚えてほしい」方法を2つ紹介します。

ループを使って取り出す方法① ： 配列の length でループ回数を指定する

まずは基本形としてこの形を覚えましょう。コード3-24の関数を実行してみてください。

≡ コード 3-24

```
  function testArrayLoop() {
    const fruits = ['banana', 'orange', 'apple'];

    for ( let i=0; i<fruits.length; i++ ) {
      console.log(fruits[i] + 'が好きです');
    }
  }
```

これは、以下の方法を取っています。

- ● ループを繰り返す条件を、配列の「要素数＝length」で指定する
- ● i を配列のインデックスとしても使い、[i]を使って要素を取り出す

forの2番目の式、i<fruits.length;が見慣れない形になっています。ルールに合わせて説明すると、以下のとおりです。

式1：ループカウンタとしての変数iを宣言し、0を代入する
式2：ループはi<fruits.lengthを満たす限り繰り返す
式3：1回処理をしたらiに1を足す

ここで fruits.length は fruits 配列の要素数であることは前述しました。今は「banana, orange, apple」が配列に入っているので要素数は3です。

つまり、for 文の中は、下記と同じ意味になります。

三 コード 3-24-2

```
for ( let i=0; i<fruits.length; i++ ) {

//これでも同じ意味
for ( let i=0; i<3; i++ ) {
```

どちらも、「i は 0 から始まり、3 未満（i<=3 ではなく i<3 であるため、3 は含まないことに注意）まで繰り返す」という命令になります。

このとき、i は 0→1→2 と変化し、その i が fruits 配列のインデックスとして使われます。

三 コード 3-24 ※部分

```
for ( let i=0; i<fruits.length; i++ ) {
  console.log(fruits[i] + 'が好きです');
}
```

i を 0 から始めているのは、配列のインデックスは 0 から始まることを利用しているからです（配列の基本操作の項参照）。以上を総合すると、このコードは、次のコードと同じ意味になるわけです。

三 コード

```
console.log(fruits[0] + 'が好きです');
console.log(fruits[1] + 'が好きです');
console.log(fruits[2] + 'が好きです');
```

試しに testArrayLoop() 関数の fruits 配列の要素に、「grape」や「peach」を足して実行してみてください。他の部分は変更しなくても配列の中身を全部表示してくれます。

この方法は、

●ループカウンタである i をインデックスに
●配列のインデックスは「0から始まり、要素数-1まで存在する」こと

を利用しています。これが繰り返し処理の基本になるため、使えるようにしておきましょう。この方法を応用すればほとんどの繰り返し処理は対応できます。次は「もっと便利に使う」方法を紹介します。

ループを使って取り出す方法②：for...ofを使う

　方法①では「配列のインデックスを使って要素を取り出す」をしていました。実際のプログラムの中では「配列の最初から最後まで全部の要素を1つずつ取り出したい」ときがよくあります。このとき、次の方法を使うと fruits[i] のように [i]（インデックス）を指定する必要がなくなり、コードがスッキリします。コード3-25を実行してみましょう。

≡ コード 3-25

```
function testArrayLoop_2() {
  const fruits = ['banana', 'orange', 'apple'];

  for (const fruit of fruits) {
    console.log(fruit + 'が好きです');
  }
}
```

for...ofの()の中は、以下のように記述します。

●新しい定数（今回は fruit）を宣言 of 配列（fruits）

これにより、以下の処理がおこなわれます（図3-18）。

【1】 fruits配列の1番目を取り出し、fruitという変数に入れ、処理（今回はconsole.log）する
【2】 fruits配列の2番目を取り出して、fruitという変数にいれて、処理する
　　　......以降、これを fruits 配列の最後の要素まで順番に繰り返す

図 3-18 for...of関数の仕組み

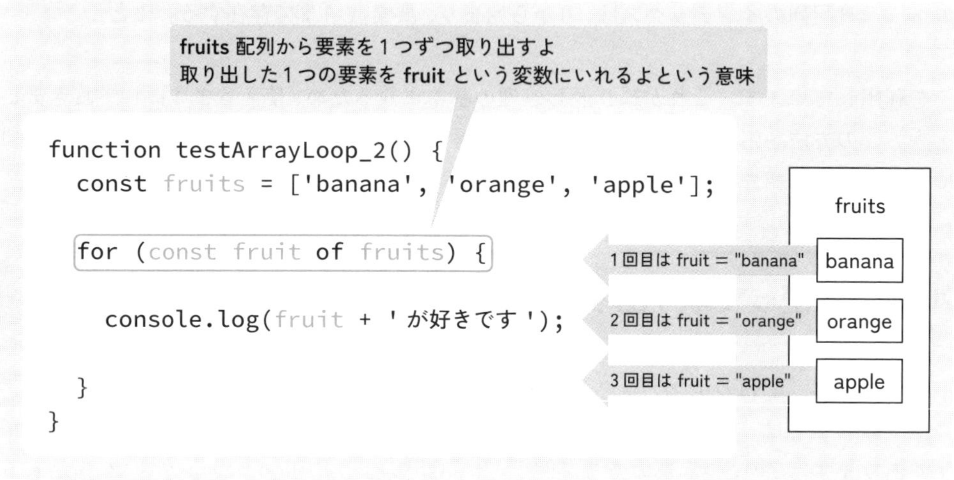

fruits 配列から要素を1つずつ取り出すよ
取り出した1つの要素を fruit という変数にいれるよという意味

```
function testArrayLoop_2() {
  const fruits = ['banana', 'orange', 'apple'];

  for (const fruit of fruits) {

    console.log(fruit + ' が好きです ');

  }
}
```

1回目は fruit = "banana"

2回目は fruit = "orange"

3回目は fruit = "apple"

fruits

banana

orange

apple

コード3-25のfor...ofで新しく宣言している、fruitという変数の名前は、自分で決めていいです。今回は、fruitsという「フルーツが複数入っている配列」から1つ取り出したもの、という意味でfruitという単数形の変数名を付けました（たとえばこれを、fという名前にしてもかまいません）。

この書き方だとさっきの方法と比べてインデックスである[i]を使う必要がない分、直感的ではないでしょうか？

もう一つの繰り返しwhile

繰り返し（ループ）を行うために、forとは別の方法としてwhileという命令が用意されています。下記のサンプルコードを実行してログを確認してみましょう。1から10の整数が出力されていると思います。

≡ コード 3-26

```
function testWhile() {
  let i = 1;
  while (i <= 10) {
    console.log(i);
    i++;
  }
}
```

while文は、whileの後ろの( )の中に条件式を書き、「条件式がtrueであれば繰り返す」というルールです。下記の説明とあわせて、処理されるステップを確認しましょう。

≡ **コード 3-26** ※再掲

```
function testWhile() {
  let i = 1;
  while (i <= 10) {
    console.log(i);
    i++;
  }
}
```

whileの後ろの( )の中に条件式が入ります。
「条件式がtrueであれば繰り返す」というルール

1回の処理が終わるごとにiに1を足す
2回目のループのときには「i <= 10」のiは2になっている

【1】let i = 1; しているので、iに1が入ります

【2】whileの条件式は(i <= 10)です。いまはiが1なので( )内の条件式がtrueになります

【3】console.log(i); でiがログに出力されます

【4】i++; となっているため、iに1を足します

【5】while(i <= 10)に戻ります（その時はiが2になっています）

……が繰り返され、iが11になるとwhile(i<=10)の条件式がfalseになり、ループが終わります。for文は、forの後ろの()の3番目の式に、「各ループの最後におこなう処理を書く」ルールでした。

≡ **コード**

```
for(let i=0; i< 10; i++) {
}
```

先のコードのwhileでは、最後のi++; がこの代わりをはたしています。

無限ループにならないように注意しよう

forとの違いとして、whileでは「ループを終了する条件」に気をつける必要があります。たとえば先のコードだと、iを1ずつ足すことを忘れると、「無限ループ」になってしまいます。

```
// 注意：実行すると無限ループになります
function testInfiniteLoop() {
  let i = 1;
  while (i <= 10) {
    console.log(i);
  }
}
```

このコードではiはずっと1です。そのため、i<=10が永久にtrueになり、処理が無限に繰り返されることになります。whileを使うときは無限ループにならないように、自分で正しく「ループを抜ける条件」（サンプルコードではiの値）の管理をおこないましょう。

もしサンプルコードを実行して無限ループになってしまったら、「停止」ボタンを押してプログラムを止めましょう。

forとwhileの使い分け

forは「何回繰り返せばいいのかがわかる時」、whileは「何回繰り返せばいいのかがわからない時」にそれぞれ使います。

たとえば「1から10の整数を出力するプログラム」と「fruits配列の中身をすべて出力するプログラム」はそれぞれ下記のようになりました。

≡ コード

```
for(let i=1; i<=10; i++){
  console.log(i)
}
```

≡ コード

```
const fruits = ['banana', 'orange', 'apple'];
for(let i=0; i<fruits.length; i++){
  console.log(truits[i]);
}
```

前者はiを1から始めて「10まで」繰り返すという指定です。これはプログラムを書いている時に「10回ループすればいい」とわかっていますよね？

　後者も、iを0から始めて「fruits配列の要素数未満まで」繰り返す、という指定をしていることになります。このとき、fruits配列の要素数が何個になったとしても、「fruits配列の要素数未満」だけ繰り返す、とわかっています。

　一方で、「何回繰り返せばいいかわからない時」というのはどういうことでしょうか。

　例として「クイズを出すプログラム」を考えてみます（図3-19）。今回のクイズプログラムでは「正解になるまで問題が出続ける」というルールにしました。

図 3-19　クイズを出すプログラムのフローチャート

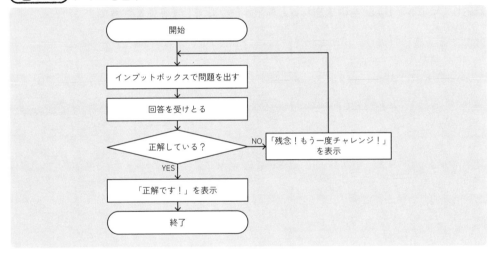

　このとき、解答者が何回目で正解するのかが分からないため、何回問題を出せばいいのか、はプログラムを書く時点では決められません。こんなときは、whileとifを組合せましょう。

≡ コード 3-28

```
function quiz() {
  while(true) {
    const answer = Browser.inputBox("1月を英語で書くと？");

    if(answer === "January"){
      break;
    }else{
      Browser.msgBox("残念！もう一度チャレンジ！");
```

```
      }
    }
    Browser.msgBox("正解です!");
  }
```

　whileの後ろの()の中には条件式が入り、条件式がtrueになる間は繰り返しが実行されるというルールでした。そのため、while(true)は「whileの{}をずーっと繰り返す」という意味になります。()内の条件式が、常にtrueだからです。

　しかし「問題に正解したらループを抜ける」ことが必要になるため、その処理をbreakで対応しています。breakを書き忘れると無限ループしてしまうため注意です。

ここが重要！
二次元配列

実践的に
なってきます！

　ここで、配列の話に戻ります。ここが山ですので頑張っていきましょう！　いよいよGoogleスプレッドシートと配列の話がつながります。

　Googleスプレッドシートの情報は、実はすべて「配列」として扱うことができます。たとえば図3-20の枠線の1行では「たかしの国語の点数が80点だった」という情報が入っています。これを、下記のような配列で扱えます。

図 3-20　表のデータを配列として扱う

	A	B	C
1	たかし	国語	80
2	たかし	算数	100
3	たかし	英語	60
4	みゆき	国語	70
5	みゆき	算数	50
6	みゆき	英語	100

この1行を
['たかし', '国語', '80']
という配列として扱う

　では、「行のデータが複数集まった表」のデータ（下記の枠線内）を扱うときはどうなるのでしょうか？　GASでは表のデータを「二次元配列」として扱えます（図3-21）。

図 3-21　表のデータを二次元配列として扱う

	A	B	C
1	たかし	国語	80
2	たかし	算数	100
3	たかし	英語	60
4	みゆき	国語	70
5	みゆき	算数	50
6	みゆき	英語	100

これ全部を
[
　['たかし', '国語', '80'],
　['たかし', '算数', '100'],
　['たかし', '英語', '60'],
　['みゆき', '国語', '70'],
　['みゆき', '算数', '50'],
　['みゆき', '英語', '100'],
]
という二次元配列で扱う

　「配列」の学習のとき、「配列の要素の中には配列を入れることもできる（＝二次元配列）」

161

とお伝えしましたが、それがここにつながってきます（図3-22）。

（図3-22）

図 3-22 配列の中に配列

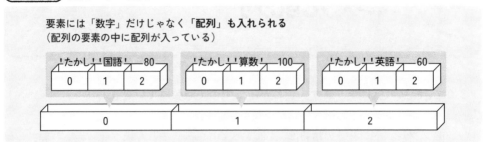

要素には「数字」だけじゃなく「配列」も入れられる
（配列の要素の中に配列が入っている）

ここからは、コードを書いて実行することでイメージを掴んでいきましょう。スプレッドシートにシートを追加して「配列」という名前にしてください。

次に、図3-23のデータを用意してください（サンプルデータにある「配列」シートをご利用ください）。

図 3-23 データの準備

	A	B	C	D	E
1	たかし	国語	80		
2	たかし	算数	100		
3	たかし	英語	60		
4	みゆき	国語	70		
5	みゆき	算数	50		
6	みゆき	英語	100		

シートの準備ができたら、コード3-29の関数を実行してログを確認してみてください。

```
function test2DimentionalArray() {
  const sheet = SpreadsheetApp.getActive().getSheetByName('
配列');
  const data = sheet.getDataRange().getValues();

  console.log(data);
}
```

▶ ログ

```
[ [ 'たかし', '国語', 80 ],
  [ 'たかし', '算数', 100 ],
  [ 'たかし', '英語', 60 ],
  [ 'みゆき', '国語', 70 ],
  [ 'みゆき', '算数', 50 ],
  [ 'みゆき', '英語', 100 ] ]
```

まず最初の1行で、SpreadsheetApp が持っている命令を使って、sheet に「配列」シート
を代入しています。ここは前にもやりましたね。

次の1行は、新しい命令です。

コード 3-29 ※部分

```
const data = sheet.getDataRange().getValues();
```

これは、「定数 sheet に入っているセルの値（＝「配列」シートに入っているセルの値」を
全部取得し、data の中に代入する」という意味です。

getDataRange() で、シート内の、値が存在しているセル範囲（＝レンジ）をすべて取得す
ることができます。そのレンジから、値だけを取得するために、getValues() を使っていま
す。

そして最後に、console.log() で、data の中身をログに出力しています。これで、

- data[0] の中身が [たかし, 国語, 80] という配列
- data[1] の中身が [たかし, 算数, 100] という配列

になっていることが確認できた、ということです。たとえばたかしの算数の点数を取り出したい場合は、data[1][2]と指定すれば、100を取り出せます。

　このように、二次元配列とは「一つの配列があって、それぞれの要素の中にも配列が入っている」ものになります。

　シートの表と対応させた覚え方として、二次元配列のインデックスは**[縦][横]の順番で**指定します。配列のインデックスは0から始まる点に注意です。「みゆきの算数の点数」を取るためには、data[4][2]を指定すればいいことになります（図3-24）。

（図3-24）二次元配列のデータ指定の方法

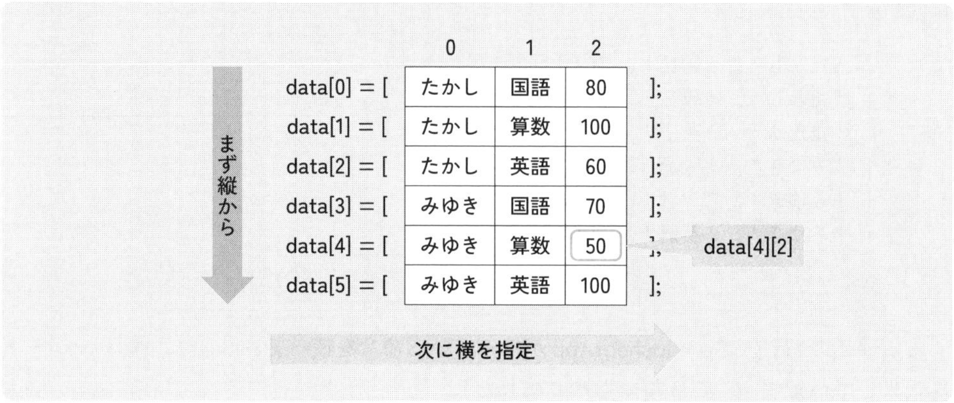

	0	1	2		
data[0] = [	たかし	国語	80	];	
data[1] = [	たかし	算数	100	];	
data[2] = [	たかし	英語	60	];	
data[3] = [	みゆき	国語	70	];	
data[4] = [	みゆき	算数	50	];	data[4][2]
data[5] = [	みゆき	英語	100	];	

まず縦から

次に横を指定

理解度確認テスト④
二次元配列のループ

サンプルコード
以外の答え方でも
いいですよ！

すべての点数の合計点を出力するプログラムを書いてみましょう。

課題

　現在「配列」のシートに、6行分の点数が書かれていると思います。このC列の値の合計を出力するプログラムになるように、コード3-30のseisekiTotal()関数を完成させてください。

図 3-25 みんなの点数

	A	B	C
1	たかし	国語	80
2	たかし	算数	100
3	たかし	英語	60
4	みゆき	国語	70
5	みゆき	算数	50
6	みゆき	英語	100

C列の全ての値を合計する

コード 3-30

```
function seisekiTotal() {
  const sheet = SpreadsheetApp.
getActiveSpreadsheet().getSheetByName('配列');
  const data = sheet.getDataRange().getValues();
  let total = 0;

  // ここに すべての点数を足す処理を書く

  console.log(total); // 460が出力されるはず
}
```

第3章 アンケート集計を自動化したい！

165

社内アンケート集計プログラムの要件定義

複雑なことを
単純なことの連続に
分解します

さてここまでで、以下のことを学習しました。

- スプレッドシートからgetDataRange().getValues()をすると、
  シート内のデータすべてを取得できる
- そのデータは2次元配列になっている
- 配列の中身はループを使って取り出すことができる

これらを組合せることで、本章の課題であった「社内アンケートの集計プログラム」を書くことができます。

要件定義と概念図

今回のプログラムの「要件」は、本章の冒頭にあるアンケートの回答データを集計して、メールで送信することでした。要件の解像度を上げるために「どんな結果になったらいいのか（アウトプット）」を考えてみます。みなさんも自分のプログラムを書くときは期待するアウトプットと、それに必要なインプットと処理内容を書き出しておくといいと思います。

【アウトプット】
出席者数: [n]人
欠席者数: [n]人

A弁当 [n]個 x [n]円 ＝ n円
B弁当 [n]個 x [n]円 ＝ n円
…

お弁当代合計: [n]円

このアウトプットを作るためにどんなインプット／処理が必要なのかを考えます（図3-26）。

図 3-26 アンケート集計プログラムの概念図

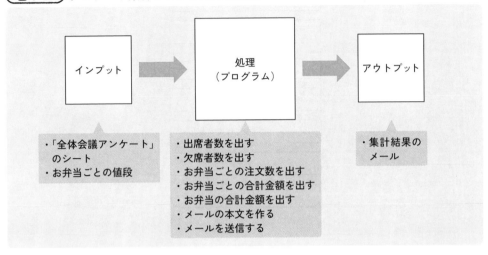

お弁当ごとの値段は下記のように決まっているとします。

- 牛カルビ炭火焼肉弁当：　900円
- 特選　幕の内弁当：　1,000円
- 健康野菜　栄養バランス弁当：　850円
- 厚切り銀鮭弁当：　900円

フローチャート

今回の処理をまずはまっすぐな（分岐のない）、粒度の大きいフローチャートで表現してみました（図3-27）。頭の中に「こうしたらいいだろう」という案が浮かんでいればすぐに図を書けますが、ぱっと思いつくかどうかは経験値によるところが大きいです。始めのうちはいきなり完成形の図は書けなくて大丈夫です。まずは、「今わかる範囲だと、こういう順番で処理が進むな」と考えながらフローチャートを書いてみてください。実際にプログラムを書き始めてから「あれ、この処理も追加する必要があるな」「これは順番が逆だった」などの試行錯誤をしながら進むのが、普通の流れです。

図 3-27 アンケート集計プログラムのフローチャート

今回のポイントは「アンケート結果を1行ずつ見ていって、出欠とお弁当をカウントする」ところです。この処理をもっと分解してみましょう。このように、「粒度の大きいフローチャートで書いてから、さらに細分化する」というのも、必要な考え方の一つです（図3-28）。

図 3-28 「出欠とお弁当をカウントする」フローチャート

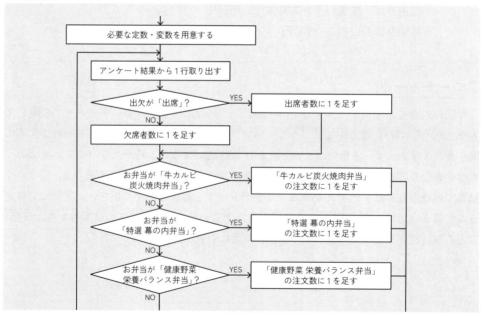

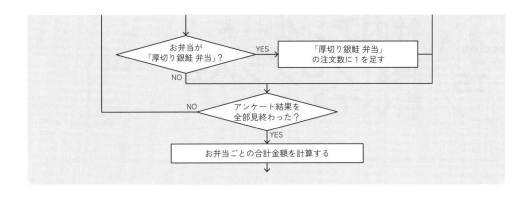

ここでこの章で学んだ「if文、ループ、配列」が出てきます!

社内アンケート集計プログラムを書いてみよう

実務でもありそうですよね！

では、事前準備をしていきましょう。次の順番でおこなってください。

① スプレッドシートに新しいシートを追加し、「全体会議アンケート」という名前にする
② 「全体会議アンケート」シートに、サンプルデータの「全体会議アンケート」のシートのデータをすべて貼り付ける

　違う名前にしたり、一部のデータを貼り付け忘れるなどをしてしまうとサンプルコードが動かないため、絶対に間違えないようにしてください！
　上記が終わったら、新しくスクリプトファイルを作成して「第3章_アンケート集計」という名前にしたうえで、新しくつくったスクリプトファイルに書かれているmyFunction()を削除してください。

　それではここから、スクリプトエディタに書いていきます。まずは要件定義で書いたアウトプットを出すための大きな流れを把握するため、フローチャートの項目をコメントで並べてみます。

≡ コード 3-31 ※部分

```
function countMeetingForm() {
    // シートの情報を取得する
    // 必要な定数・変数を用意する
    // アンケート結果を1行ずつ見ていって、出欠とお弁当をカウントする
    // お弁当ごとの合計金額を計算する
    // メールの本文を作成する
    // メール送信する
}
```

ではここから、手順を一つずつコードにしていきます。自分で進められる人は下記に進

む前に、自分で書いてみてください。

 ## シートの情報を取得する

まず、シートに書かれている情報をまるっと二次元配列で取得します。valuesに二次元配列が入ります。

```
≡ コード 3-31 ※部分

function countMeetingForm() {
  // シートの情報を取得する
  const sheet  = SpreadsheetApp.getActive().getSheetByName("
  全体会議アンケート");
  const values = sheet.getDataRange().getValues();
}
```

必要な定数・変数を用意する

続いて「必要な定数・変数」を用意します。アウトプットであるメール本文を作成するために必要なものは何でしょうか？ 今回の課題では、「アンケートが集まる前にわかっている情報」と、「アンケートが集まってからはじめてわかる情報」の2つが存在します。

【アンケート集計前にわかるもの】
お弁当の名前
お弁当の単価

【アンケート集計後にわかるもの】
出席者数
欠席者数
それぞれのお弁当の個数
お弁当の合計金額

それぞれの値を入れておく場所（定数／変数）を作っておきましょう。

```
function countMeetingForm() {
  // シートの情報を取得する
  const sheet  = SpreadsheetApp.getActive().getSheetByName("
  全体会議アンケート");
  const values = sheet.getDataRange().getValues();

  // 必要な定数・変数を用意する
  // お弁当の名前
  const lunchA = "牛カルビ炭火焼肉弁当";
  const lunchB = "特選 幕の内弁当";
  const lunchC = "健康野菜 栄養バランス弁当";
  const lunchD = "厚切り銀鮭 弁当";

  // お弁当の単価
  const priceA = 900;
  const priceB = 1000;
  const priceC = 850;
  const priceD = 900;

  // 出席、欠席のカウンタ
  let presence = 0;
  let absence  = 0;

  // お弁当の注文数カウンタ
  let countA = 0;
  let countB = 0;
  let countC = 0;
  let countD = 0;
}
```

カウンタはあとで値を更新していくため、letで宣言しています。お弁当の合計金額はあとで計算するので、ここでは宣言していません。

アンケート結果を1行ずつ見て、出欠とお弁当数をカウントする

今回のメインである「アンケート結果を1行ずつ見て、出欠とお弁当数をカウントする」

処理について、みなさんならどう書くか、イメージは付きますか?

　私はfor文を使って、下記のように書きました。

```javascript
// アンケート結果を1行ずつ見ていって、出欠とお弁当をカウントする
for (let i=1; i<values.length; i++) {
  const attendance = values[i][2];
  if (attendance === "出席") {
    presence++;
  } else {
    absence++;
  }

  const lunch = values[i][3];
  if (lunch ===  lunchA) {
    countA++;
  } else if (lunch ===  lunchB) {
    countB++;
  } else if (lunch ===  lunchC) {
    countC++;
  } else if (lunch ===  lunchD) {
    countD++;
  }
}
```

　カウンタを「1」から始めていることに注目してください。valuesには、「全体会議アンケート」シートのデータのすべて、つまり「A1:D21」のデータが入っています。つまりこれは、アンケートのシートの1行目にある「ヘッダ(タイムスタンプや名前などの情報)」も、valuesには入っていることになります。よって、この行が入っている、valuesの[0]は集計対象に含めてはいけません。そのためfor文の条件式内では、iは1から始める形になっています。

```javascript
for (let i=1; i<values.length; i++) {
```

　valuesは、二次元配列です。values[i]で、「シートの1行分のデータが入っている一次元

配列」を指定することができます。よって下記のように values[i][2] と書けば、シートの「全社会議に参加しますか?」の列の回答結果が取れることになります。

≡ コード 3-31 ※部分

```
for (let i=1; i<values.length; i++) {
    const attendance = values[i][2];
    if (attendance === "出席") {
      presence++;
    } else {
      absence++;
    }
```

if以下は、attendanceの値が

> **"出席"であれば、presence（出席数）に1を足す**
> **"出席"でなければ、absence（欠席数）に1を足す**

という処理です。次は、「出席・欠席」のカウントと同じように、「お弁当ごとの数」をカウントしています。

≡ コード 3-31 ※部分

```
    const lunch = values[i][3];
    if (lunch ===  lunchA) {
      countA++;
    } else if (lunch ===  lunchB) {
      countB++;
    } else if (lunch ===  lunchC) {
      countC++;
    } else if (lunch ===  lunchD) {
      countD++;
    }
```

値は異なりますが、やっていることは「出席・欠席」のときと同じですね。1行分のデータ (values[i]) からお弁当の種類(values[i][3])を取り出して、どのお弁当に該当するのかを if 文で条件分岐させてカウントしています。

ここで一つクイズです。「出席・欠席」のコードの最後はelseでしたが、お弁当のカウントのコードの最後はelse ifになっています。この時、お弁当箱のコードをelseで書いてしまうと、正しくお弁当の数がカウントされなくなるのですが、なぜだかわかりますか?

```
// このコードだと正しくカウントされない
const lunch = values[i][3];
if (lunch ===  lunchA) {
  countA++;
} else if (lunch ===  lunchB) {
  countB++;
} else if (lunch ===  lunchC) {
  countC++;
} else { // ここが変わっている
  countD++;
}
```

　「出席・欠席」と異なるのは、「実はお弁当の情報には空欄がありえる」ことです。会議に欠席の人は、お弁当は入力しないでしょうし、実は冒頭の入力フォームも、お弁当の選択は「必須入力項目」に設定していません。そのためこのように書くと「空欄」のときもlunchDとしてカウントされてしまいます。

　いっぽうで、「出席・欠席」の欄は、必須入力項目だったため、空欄はありえません。そのため、elseで書いても問題はないわけです。

　もちろん、下記のように、else ifで書くこともできます。

```
const attendance = values[i][2];
if (attendance === "出席") {
  presence++;
} else if (attendance === "欠席") {
  absence++;
}
```

for...of での書き方

for 文の説明の時に、for...of の書き方も覚えておこう! とお伝えしました。「出席・欠席」と「お弁当ごとのカウント」の部分（for 文の部分）は、下記のように書き換えても同じことになります（「1行分のデータ」のことは、rowData という名前にしています）。

```
// for of での書き方
values.shift(); // ヘッダを外す必要がある
for (const rowData of values) {
  const attendance = rowData[2];
  if (attendance === "出席") {
    presence++;
  } else {
    absence++;
  }

  const lunch = rowData[3];
  if (lunch ===  lunchA) {
    countA++;
  } else if (lunch ===  lunchB) {
    countB++;
  } else if (lunch ===  lunchC) {
    countC++;
  } else if (lunch ===  lunchD) {
    countD++;
  }
}
```

1点新しい要素として、以下のように書くと、「values配列の先頭の要素を取り除く」という命令になります。values配列の先頭（つまり values[0]）の中身はシートのヘッダなので、カウント対象から取り除いています。

```
values.shift();
```

これはまだ教えていない命令だったので、for...of文の形式で、自分で書くことに挑戦してもらった方には少しいじわるだったかもしれません。すみません！ 自分で調べてshift()にたどり着いた方は、ほんとうにすごいです！ 「JavaScript　配列　削除」などで検索したのではないでしょうか。プログラミングは、このように「やりたいことについて調べるスキル」が大事になってきます。

ここまでで「全体会議アンケート」シートに書かれてる情報から「出席・欠席」の数（attendance と absence）と、それぞれのお弁当の数（countA ～ countD）が集計できました（本当に集計できているのか？　を確認するために、適当な箇所にconsole.logを入れてみるか、デバッグ機能を使って変数の中を見てみることをおすすめします）。

お弁当ごとの合計金額を計算する

続いて「お弁当ごとの合計金額」を求めます。ここは単なるかけ算ですので、問題ないと思います。

コード 3-31 ※部分

```
// お弁当ごとの合計金額を計算する
const totalPriceA = countA * priceA;
const totalPriceB = countB * priceB;
const totalPriceC = countC * priceC;
const totalPriceD = countD * priceD;
```

メールの本文を作成する

ここまでで必要な処理が出そろいました。これまでの要素を使ってメールの本文を作成します。今回は「テンプレートリテラル」を使用していますので、改行を \n で指定する必要はありません。

```
    // メールの本文を作成する
    const message =
`出席者数：${presence}人
欠席者数：${absence}人

${lunchA} ${countA}個 x ${priceA} = ${totalPriceA}円
${lunchB} ${countB}個 x ${priceB} = ${totalPriceB}円
${lunchC} ${countC}個 x ${priceC} = ${totalPriceC}円
${lunchD} ${countD}個 x ${priceD} = ${totalPriceD}円

お弁当代合計：${totalPriceA + totalPriceB + totalPriceC +
totalPriceD}円
`;
```

文字列連結で書くとやっぱり見にくい

試しにこれを、2章で学んだテンプレートリテラルではなく、文字列連結で書くと下記のようになります。

```
    // メールの本文を作成する（テンプレートリテラルを使わない場合）
    const message =
      "出席者数：" + presence + "人\n" +
      "欠席者数：" + absence + "人\n" +
      lunchA + " " + countA + "個 x " + priceA + " = " +
      totalPriceA + "円\n" +
      lunchB + " " + countB + "個 x " + priceB + " = " +
totalPriceB + "円\n" +
      lunchC + " " + countC + "個 x " + priceC + " = " +
totalPriceC + "円\n" +
      lunchD + " " + countD + "個 x " + priceD + " = " +
totalPriceD + "円\n\n" +
      "お弁当代合計：" + (totalPriceA + totalPriceB + totalPriceC
+ totalPriceD) + "円";
```

どうでしょうか。テンプレートリテラルと文字列連結と、どちらがわかりやすいですか？後者だと、スペースや改行を自分で指定しないとならないため書く量が増えますし、見にくくなってしまうと思います。

ほかにも、お弁当代合計の部分を、以下のように書いてしまうと、出力結果が変になってしまいます。

```
"お弁当代合計: " + totalPriceA + totalPriceB + totalPriceC +
totalPriceD + "円";
```

```
お弁当代合計: 4500600025503600円
```

これは「文字列と数字を連結すると、その数字は文字列として認識される」という仕様によるものです。そのため、( )でくくることで、数値として計算しています。

集計結果をメール送信する

最後はmessageをメールで送信します。これは前章ですでに学んだ内容ですね。

```
//集計結果をメール送信する
GmailApp.sendEmail("xxxx@example.com", "アンケート集計結果です",
message);
```

これで、xxxx@example.comのアドレスに、「件名：アンケート集計結果です」「本文」message」のメールが送信されます（xxxx@example.comは自分のメールアドレスに変更してください）。

サンプルコード

　以上をすべてつなげた下記が「完成形」のコードです。ここで「完成形」といっていますが、これは「目的を達成することができるプログラム」という意味であって、「正解」とか「最もいい」という意味ではありません。ここがプログラムの面白いところなのですが、「目的を達成するための方法（プログラムの中身、書き方）は一つじゃない」のです。私はこう書きました、という意味ですので、皆さんのアイディアの参考にしてください。

≡ コード 3-31

```javascript
/**
 * 全体会議アンケートを集計する関数
 */
function countMeetingForm() {
  const sheet  = SpreadsheetApp.getActive().getSheetByName("
  全体会議アンケート");
  const values = sheet.getDataRange().getValues();

  // お弁当の名前
  const lunchA = "牛カルビ炭火焼肉弁当";
  const lunchB = "特選 幕の内弁当";
  const lunchC = "健康野菜 栄養バランス弁当";
  const lunchD = "厚切り銀鮭 弁当";

  // お弁当の単価
  const priceA = 900;
  const priceB = 1000;
  const priceC = 850;
  const priceD = 900;

  // 出席、欠席のカウンタ
  let presence = 0;
  let absence  = 0;

  // お弁当の注文数カウンタ
  let countA = 0;
  let countB = 0;
  let countC = 0;
  let countD = 0;
```

```javascript
  // 1行ずつ見ていって、出欠、お弁当をカウントする
  for (let i=1; i<values.length; i++) {
    const attendance = values[i][2];
    if (attendance === "出席") {
      presence++;
    } else {
      absence++;
    }

    const lunch = values[i][3];
    if (lunch ===  lunchA) {
      countA++;
    } else if (lunch ===  lunchB) {
      countB++;
    } else if (lunch ===  lunchC) {
      countC++;
    } else if (lunch === lunchD) {
      countD++;
    }
  }

  const totalPriceA = countA * priceA;
  const totalPriceB = countB * priceB;
  const totalPriceC = countC * priceC;
  const totalPriceD = countD * priceD;

  const message =
`出席者数: ${presence}人
欠席者数: ${absence}人

${lunchA} ${countA}個 x ${priceA} = ${totalPriceA}円
${lunchB} ${countB}個 x ${priceB} = ${totalPriceB}円
${lunchC} ${countC}個 x ${priceC} = ${totalPriceC}円
${lunchD} ${countD}個 x ${priceD} = ${totalPriceD}円

お弁当代合計: ${totalPriceA + totalPriceB + totalPriceC +
totalPriceD}円
`;

  //集計結果をメール送信する
  GmailApp.sendEmail("xxxx@example.com", "アンケート集計結果です",
  message);
}
```

動かしてみよう

　ではcountMeetingForm()関数を実行してみましょう。うまくいけば指定したメールアドレスに図3-29のメールが届くはずです。

図3-29　アンケート集計結果メール

> アンケート集計結果です　受信トレイ ×
>
> 出席者数：18人
> 欠席者数：2人
> 牛カルビ炭火焼肉弁当 5個 × 900 = 4500円
> 特選 幕の内弁当 6個 × 1000 = 6000円
> 健康野菜 栄養バランス弁当 3個 × 850 = 2550円
> 厚切り銀鮭弁当 4個 × 900 = 3600円
>
> お弁当代合計: 16650円

　成功したみなさん、おめでとうございます！　でも、もっと便利にしたくないでしょうか？
　いまの状態だと、集計するたびに「スプレッドシートを開く　→　スクリプトエディタを開く　→　関数を実行する」という手順が必要になります。でも、スクリプトエディタを開くのを省略して、「スプレッドシートを開いて、集計を実行する」くらいの手順にしたいですよね？　そんな時に便利なのが、「GASを実行するためのメニューを作る」です！

自分で
メニューを作る

メニューバーから
操作できるように
なります！

第2章で「時間を指定して実行するトリガー」を学習しました。実は時間の他に、「特定のイベントを起点としてプログラムを実行するトリガー」が用意されています。

スプレッドシートに関連するトリガーとして、onOpen()という関数があります。これは「スプレッドシートが開かれた時に自動で実行される」関数です。これを起点にして、メニューを追加してみましょう。

今回は、以下3点を応用として紹介します。

- スプレッドシートに「GASメニュー」というメニューを追加する
- メニューの中に「アンケート集計」というサブメニューを追加する
- 「アンケート集計」がクリックされたらcountMeetingForm()関数を実行する

先ほど書いたcountMeetingForm()関数の上（あるいは下）に、下記のonOpen()関数を書いてみましょう。

≡ コード 3-32

```
function onOpen(e) {
  SpreadsheetApp.getUi()
    .createMenu("GASメニュー")
    .addItem("アンケート集計", "countMeetingForm")
    .addToUi();
}
```

ここでスクリプトエディタを保存した後に、スプレッドシートの画面を更新してみてください。更新後の画面では図3-30のように、「GASメニュー」というメニューが表示されると思います。

onOpen()関数を書いて保存しただけでは、「GASメニュー」が表示されません。なぜならonOpen()は「スプレッドシートが開かれた時」に起動する関数だからです。メニューを表示させるためには、スプレッドシートを開き直す（更新）する必要があるのです。

図 3-30　GAS メニューの表示場所

	A	B	C	D	E
1	タイムスタンプ	名前	全社会議に参加しますか？	参加される方は下記からお弁当を選択してください	
2	2020/06/13 19:04:34	高尾達郎	出席	牛カルビ炭火焼肉弁当	
3	2020/06/13 19:04:44	北田真奈	出席	健康野菜 栄養バランス弁当	

コードの説明です。まずonOpen(e)のeについては、Column6-1で説明するため、気にしないでください。

SpreadsheetApp以下が見慣れない形になっていますが、以下のように続けて書いても同じ意味です。複数の命令がドットでつながっているときには、改行したほうが見た目がわかりやすくなります（図3-31）。

≡ コード

```
SpreadsheetApp.getUi().createMenu("GASメニュー").addItem("アン
ケート集計", "countMeetingForm").addToUi();
```

図 3-31　メニュー追加のコードのそれぞれの意味

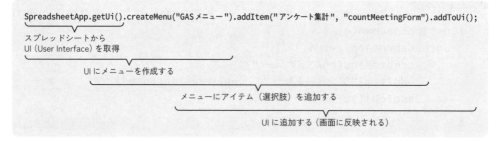

まず、SpreadsheetApp.getUi()でスプレッドシートのUI(User Interface。メニューなどの環境)を取得できます。

UIに対して.createMenu("GASメニュー")をすると「GASメニュー」というメニューができます(この時点では、GASの内部でメニューができただけで、UIには表示されていません)。

そして.addItem("アンケート集計", "countMeetingForm")することで、今作った「GASメニュー」の中に「アンケート集計」というアイテム(項目)を追加できます。これを選択す

184

ると、countMeetingForm() 関数が実行されます。

　ここまでで「"GASメニュー"を作り、その中に"アンケート集計"という項目を追加し、これが選択されたら"countMeetingForm"関数を実行しろ」という命令ができました。

　最後にこれをUIに追加するために .addToUi() します。これによって「画面にメニューとして表示される」ようになります。

　このように、自分で作れるメニューを「カスタムメニュー」と言います。カスタムメニューを作る方法は複数用意されています。「GAS　カスタムメニュー」などのキーワードで検索してみてください！

　これで、アンケート集計をするたびにスクリプトエディタを開く必要がなくなり、「スプレッドシートを開いて、メニューからGASを実行する」ことができるようになりました。

章のまとめ

不安な人は第3章を
もう一度見返して
みてください！

ここまでのコードにより、

- （社員がアンケートフォームに回答する）
- 集計したい時にはスプレッドシートを開く
- 「GASメニュー　→　アンケート集計」を実行すると
  countMeetingForm()関数が動く
- 集計結果のメールが届く

という自動化・効率化ができあがりました。また、以下の知識が増えていると思います。

- 配列を使って、複数の値を1つのまとまりとして扱う
- if文を使って、条件により処理を分岐させる
- for文を使って、繰り返す

　この章で学んだことは、GAS以外のプログラム言語（PythonやRubyなど）になったとしても同じように使える知識になります。確実に身に付けておきましょう！

ここも重要！
スプレッドシートに
一気に値を追加する方法

現場でよく使う
技です

　実務では「スプレッドシートの複数のセルに、値を出力したい」ことがよくあります。これは、本章で学んだ「二次元配列」を使うとできます。ここでは2つのパターンを紹介します（サンプルデータにある「商品」のシートをご利用ください）。

シートに一番下に1行分のデータを追加する

　まずは、1行分のデータ（一次元配列）を追加する場合を考えてみましょう。「商品」というシートの中に図3-32の表があったとして、ここに商品番号400で、商品名が消しゴムで、値段が130円のデータを1行追加したいとします。「シートの末尾（データが存在する最終行の次）に1行分のデータを追加する」には、appendRow()というメソッドが用意されています。

（図 3-32）商品データ

	A	B	C
1	商品番号	商品名	値段
2	100	はさみ	200
3	200	えんぴつ	50
4	300	ノート	100

☰ コード 3-33

```
function appendRow() {
  const sheet = SpreadsheetApp.getActive().getSheetByName('商
品');
  const data = [400, "消しゴム", 130];

  sheet.appendRow(data);
}
```

　実行すると、シートの最終行の下に「消しゴム」の配列が追加されます。ポイントは、追加したい1行分の情報を配列にし、それをappendRowの()の中に渡してあげることです。

第3章 アンケート集計を自動化したい！

複数行のデータを追加する

上記の例の続きとして、一度に複数の商品データ（下記の2つ）を追加したいとします。

- 商品番号500、ボールペン、150円
- 商品番号600、カッター、200円

appendRow()を2回おこなうことでも可能ですが、このメソッドを使わずに、1度に追加する方法があります。

図 3-33 複数行が追加された商品データ

	商品番号	商品名	値段
1	商品番号	商品名	値段
2	100	はさみ	200
3	200	えんぴつ	50
4	300	ノート	100
5	400	消しゴム	130
6	500	ボールペン	150
7	600	カッター	200

コード 3-34

```
function setSomeValues_1() {
  const sheet = SpreadsheetApp.getActive().getSheetByName('商品');
  const data = [
    [500, "ボールペン", 150],
    [600, "カッター",200]
  ];

  sheet.getRange(6, 1, 2, 3).setValues(data);
}
```

ポイントは、以下の2つです。

- 追加したいデータ（表）を二次元配列で用意する
- 追加先のレンジを正確に指定して、setValuesする

まず、今回追加したい2行3列の情報をdataとして用意しました。ここは本章で学んだ二次元配列ですね。このdataを、A6:C7の複数セルにそのまま貼り付けたいわけです。

プログラムを使わず、普通にスプレッドシートで作業をしている際に、複数セルをコピーしてどこかに貼り付けたいとします。そんな時は、貼り付け先の領域の「左上のセル」を指定して貼り付けをおこなうとコピーした複数セルが貼り付けられると思います。

しかし、GASで複数セルに書き込むときは「出力先の範囲を正確に指定する」必要があります。これを、コードでのgetRangeの部分でおこなっています。

```
sheet.getRange(6, 1, 2, 3).setValues(data);
```

()内の前半2つで「6行目の1列目のセル」を起点として設定し、そこから「2行分＋3列分」を出力範囲として指定しています。結果、今回の場合ではA6:C7のことになります。

しかしこの例では、コードをgetRange(6, 1, 2, 3)としている（つまり出力先をA6:C7に固定している）ため、実用的ではありませんね。たとえば「シートのA8以降に新たにデータを追加したい」と思ってもう一度setSomeValues_1()関数を実行しても、A6:C7の範囲に上書きするだけになってしまいます。

しかし、実務では「表の一番下にデータを追加したい」ことが多いです。

ここで、「シートのどこに出力するか」は、上記のgetRangeの()の()内で指定できました。シートの一番下にデータを追加するには、以下の4点を、getRangeで指定してあげればいいわけです。これができれば、どんなシート／データであっても、表の一番下にデータを出力することが可能です。

- そのシートにある一番下のデータの行の次の行の
- 1列目のセルから
- dataにある要素数分（これが出力する行数）
- dataにある1行分のデータの個数（これが出力する列数）

コードにしてみるとこうなります。dataを二次元配列で作るまでは、先ほどと同じです。

```
function setSomeValues_2() {
  const sheet = SpreadsheetApp.getActive().getSheetByName('
商品');
```

```
  const data = [
    [500, "ボールペン", 150],
    [600, "カッター ",200]
  ];

  const lastRow = sheet.getLastRow();
  sheet.getRange(lastRow+1, 1, data.length, data[0].length).
setValues(data);
}
```

const lastRow以下のコードについて、詳しく見ていきましょう。

≡ コード 3-35 ※部分

```
  sheet.getLastRow();
```

getLastRow()は、「そのシートにある一番下のデータの行数を取得する」命令です。図3-33の状態であれば7が取得できます。今回は使いませんが、

≡ コード

```
  sheet.getLastColumn();
```

とすると、「そのシートの一番右にあるデータの列数」を取得できます。
続いての一行で、dataを貼り付けたい、スプレッドシートのレンジを取得しています。

≡ コード 3-35 ※部分

```
  sheet.getRange(lastRow+1, 1, data.length, data[0].length)
```

()の中身はそれぞれ、以下の意味です。

- lastRow+1行目（つまりデータのある最終行の次の行）の
- 1列目のセルから
- data.length行分（つまり追加するデータの行数）と

190

● data[0].length列分（つまり追加するデータの3列数）の範囲

data.lengthは、「data配列の要素数」という意味なので、このコードでは2です。data[0].lengthは、「data[0]に入っている配列（つまり [500, "ボールペン", 150]）の要素数」なので3になります。貼り付ける列数を知りたい時に、data[0]の要素数を利用しているわけです。

よって結果として、このコードの意味は

```
sheet.getRange(8, 1, 2, 3)
```

になり、A8:C9が選択できます。setSomeValues_1()関数を実行した後にsetSomeValues_2()関数を実行すると図3-34のようになります。

図 3-34 ボールペンとカッターが追加される

1	商品番号	商品名	値段
2	100	はさみ	200
3	200	えんぴつ	50
4	300	ノート	100
5	400	消しゴム	130
6	500	ボールペン	150
7	600	カッター	200
8	500	ボールペン	150
9	600	カッター	200

setSomeValues_2()関数を実行するたびに、下にボールペンとカッターが追加されていくはずです。この方法を利用すれば、その時のシートに一番下に複数行のデータを出力することができます。ぜひ活用してください。

第4章

タスク管理リストで
リマインドを
してほしい！

この章でできる ようになること

タスク管理の仕方は
永遠のテーマ

Google スプレッドシートで「タスクの進捗管理」をしている人は多いと思います。この章を終えると、「タスクの期限が近づいたらリマインドメールを送る機能」を作れます。

また、プログラミングで重要な「関数」についてもこの章で、第2章よりも詳しく学習します。関数に対する私のイメージは

「役割ごとに部品を作り、それを組合せ一つのプログラムを作る。このときの部品が関数」

です。今回の課題である「タスク管理プログラム」は、これまでのように「全部まとめて一つの関数に書く」ことで実装をしようとするとたいへんです。複雑なプログラムは、「複数の部品（関数）にわけて、それらの部品を組合せて最終形にする」ことで、やりやすくなります。その「組合せる」やり方を、この章で学びましょう。読み終わったときにはみなさんも、「組合せる」について具体的にイメージできるようになっているはずです。

課題：タスク管理表にリマインド機能をつける

社会人として、「自分のタスク管理をどのようにおこなうか」は一つの大きなテーマだと思います。ハルカさんはその中でも他の人とも共有できる「Google スプレッドシートで管理する」方法に落ち着いたようです（図4-1）。

今はタスクが3つしかありませんが、数が増えてくると対応漏れが発生してしまいそうです。そこで、「期限日が3日以内になっているタスクが存在していたらメールを送る」機能があったら便利そうです。

図 4-1　タスク管理表

	A	B	C	D
1	タスク管理表			
2				
3	タスク名	ステータス	期限日	メモ
4	A社見積書提出	完了	2022/03/10	事前に○○さんに確認をとる
5	社内ミーティング資料作成	着手中	2022/03/20	忘れずに○○を入れること
6	月次報告書の提出	未着手	2022/03/21	提出先は○○さん
7				
8				
9				

もっと便利に関数を使いこなそう！

関数とは
functionのこと

それでは、プログラミングの重要な要素である「関数」の説明をしていきます。これを使いこなせるようになると、プログラムをわかりやすく書くことができます。

学習前に新しいスクリプトファイルを作成して、名前を「第4章_関数」にし、スクリプトファイルのmyFunction()関数を削除してください。

関数の中で、別の関数を呼びだす

まずはここまでの復習です。「関数」という固い名前が付いていますが、実体としてはこれまで何度も出てきているfunctionのことです。

三 コード

```
function 関数名(){     { から } までが その関数です。
  //処理
}
```

これまでもGASを実行するときに「関数を選択して、実行する」をおこなってきましたね。ここからは新しい知識ですが、関数では、「関数の中で、別の関数を呼び出す」こともできます。実験として、func1(), func2()の2つの関数を用意し、func1()関数を選択して実行してください。

三 コード 4-1

```
function func1() {
  console.log('1.ここが実行されて');
  func2();
  console.log('3.ここに戻ってくる');
}

function func2() {
```

```
    console.log('2.ここに来て');
}
```

```
1.ここが実行されて
2.ここに来て
3.ここに戻ってくる
```

さて、プログラムの内容とログ出力結果を見比べながら「どういう順番で処理が進んだか」を追ってみましょう。

func1()を選択して実行しているため、まずはfunc1()関数の1行目にあるconsole.logが実行されます。大事なのはfunc2();です。

コード 4-1 ※部分

```
console.log('1.ここが実行されて');
func2();
```

上の記述で、「func1()関数の中で、func1()関数とは別に定義しているfunc2()関数を呼び出す」処理をしています。「呼び出す」とはつまり「その関数を実行する」ことです。よって、次はfunc2()関数の中にある下記が実行されます。

コード 4-1 ※部分

```
console.log('2.ここに来て');
```

func2()関数の処理が終わると、「呼び出し元」つまりfunc1()関数に処理が戻ります。そのため、func1()関数の中のfunc2();の次にある、以下が実行される仕組みです（全体図は図4-2）。

コード 4-1 ※部分

```
console.log('3.ここに戻ってくる');
```

図 4-2 関数を呼び出して、 呼び出し元に戻る

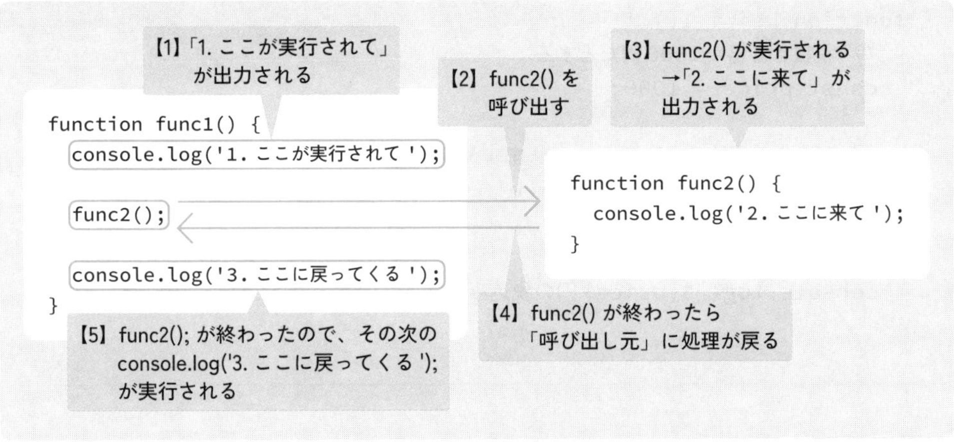

[1]「1. ここが実行されて」 が出力される

[2] func2() を 呼び出す

[3] func2() が実行される →「2. ここに来て」が 出力される

```javascript
function func1() {
    console.log('1. ここが実行されて ');
    func2();
    console.log('3. ここに戻ってくる ');
}
```

```javascript
function func2() {
    console.log('2. ここに来て ');
}
```

[5] func2(); が終わったので、その次の console.log('3. ここに戻ってくる '); が実行される

[4] func2() が終わったら 「呼び出し元」に処理が戻る

どうでしょうか。処理の流れはわかりましたか？ ただ、このサンプルだけでは関数のメリットが伝わらないと思います。たとえば、実行結果（出力されるログ）だけを見るならば、下記と同じですよね？

≡ コード 4-2

```javascript
function func3() {
  console.log('1. ここが実行されて ');
  console.log('2. ここに来て ');
  console.log('3. ここに戻ってくる ');
}
```

このほうがシンプルでわかりやすいですよね。今回の例だけではわからない関数のメリットとして「引数」と「戻り値」があります。次はこれを見ていきましょう。

関数に値を渡して、処理結果を返してもらう

たとえば自分が経理を担当しているとして、あるものの価格に対して税金を計算しなければならないとします。この状況であなたがおこなう処理を、一つの関数で表すと、下記のような流れになると思います。

```
function keiri_1() {
  // 税抜き価格が1000円だとする
  const price = 1000;

  // 税金を計算する(税率10%とします)
  const priceWithTax = price * 1.1;

  // 結果を出力する
  console.log(`${price}円の税込み価格は${priceWithTax}円です。`);
}
```

▶ ログ

1000円の税込み価格は1100円です。

　今回は単純化するため税金の計算をシンプルにしていますが、もっと複雑な計算が必要になる場合があるでしょう。その場合、すべてを一つの関数でおこなうと、処理が長くなります。このような時に、別途「税金の計算をしてくれる関数」を作成して、計算はその関数に任せる、ということが可能です。

　イメージ図で見てみましょう(図4-3)。左側が「自分＝実行する関数(今回のプログラムではkeiri_1()関数)」です。しかし、自分は税金の計算が得意ではないので、得意な人(calculateTax()関数)に計算を任せたいです。

図 4-3 実行する関数と税金を計算してくれる関数

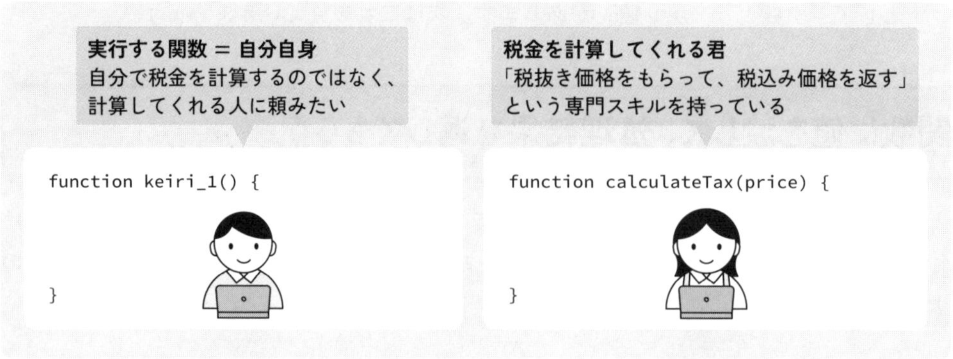

実行する関数 = 自分自身
自分で税金を計算するのではなく、
計算してくれる人に頼みたい

```
function keiri_1() {



}
```

税金を計算してくれる君
「税抜き価格をもらって、税込み価格を返す」
という専門スキルを持っている

```
function calculateTax(price) {



}
```

ここで、関数の「引数」と「戻り値」を使うと、calculateTax()関数に税抜き価格を渡して、税込み価格を返してもらうことができます（図4-4）。

図 4-4　得意な関数に処理を任せる

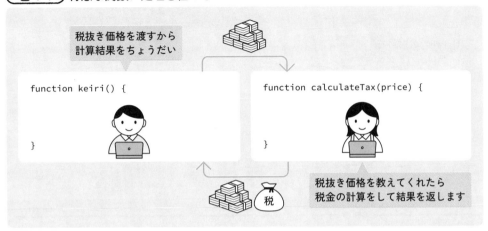

　これをプログラムで書いたものが、下記です。自分のスクリプトファイルに書いて、keiri_2()関数を実行してみてください。

≡ コード 4-4

```
function keiri_2() {
  const price = 1000;
  const priceWithTax = calculateTax(price);
  console.log(`${price}円の税込み価格は${priceWithTax}円です。`);
}

// 税抜き価格をもらって、税込み価格を返す
function calculateTax(price) {
  const taxRate = 1.1; // 税率10%とする
  return price * taxRate;
}
```

　どういう順番で処理が進むのかを、デバッグ機能を利用し、プログラムを1行ずつ実行しながら見てみてください（図4-5）。「ステップイン」のボタンを押すと、calculateTax()関数の中に進むことができます。

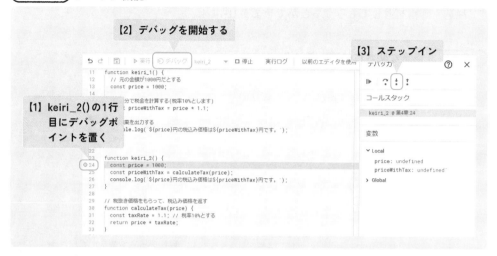

図 4-5 デバッグ機能

引数と戻り値

先ほどのコードは、以下の仕組みになっていました。

- keiri_2()関数が、calculateTax()関数に税抜きの価格（price）を渡す
- calculateTax()関数が税込み価格を計算し、keiri_2()関数に返す
- 返された金額を keiri_2()関数が、「price 円の税込み価格は priceWithTax 円です」として出力する

このとき、プログラミング用語として「price」のように関数に渡す値を「引数」といい、関数から return される値（今回は price*taxRate）を「戻り値」といいます。

引数の書き方

≡ コード

```
function calculateTax(price) {
```

関数名の後ろの()内に、受け取る引数を記述します。上記で、「calculateTax()関数はpriceを受け取ることができる」という意味になります。

ここまでに出てきた関数では function sample()のように、()の中には何も書いていません

でしたが、これは「引数がない関数」だったからです。

戻り値の書き方

calculateTax()関数は税抜きの価格（price）に対して、税込み価格を計算し、その結果を戻り値として返す必要がありました。その書き方は、次のとおりです。

> **ルール**
>
> return 返す値

以上の仕組みを図示化したのが、図4-6です。

図 4-6 　消費税計算プログラムの全体像

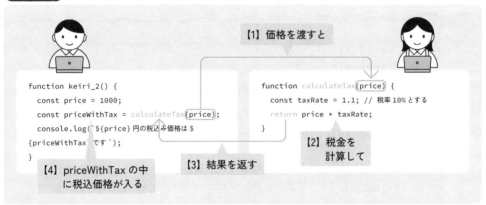

【1】価格を渡すと

```
function keiri_2() {
  const price = 1000;
  const priceWithTax = calculateTax(price);
  console.log(`${price} 円の税込み価格は $
{priceWithTax} です`);
}
```

```
function calculateTax(price) {
  const taxRate = 1.1; // 税率10%とする
  return price * taxRate;
}
```

【2】税金を計算して

【3】結果を返す

【4】priceWithTax の中に税込価格が入る

引数の名前の付け方

引数の名前について補足します。引数を渡す側の関数と、引数を受け取る側の関数それぞれで、引数に対し別の名前を付けることができます。下記のコードを見てください。

≡ コード 4-5

```
function keiri_3() {
  const priceWithoutTax = 1000;
  const priceWithTax = calculateTax(priceWithoutTax);
  console.log(`${priceWithoutTax}円の税込み価格は
${priceWithTax}円です。`);
}
```

```
// 税抜き価格をもらって、税込み価格を返す
function calculateTax(price) {
  const taxRate = 1.1; // 税率10%とする
  return price * taxRate;
}
```

この keiri_3() 関数の中では、定数 priceWithoutTax を calculateTax() 関数に渡しています。

一方で、calculateTax() 関数で受け取る引数の名前は price になっています。このように、渡す側の名前と受け取る側の名前は同じである必要はありません。ただし、特に理由がなければ「渡す方の名前と、受け取る方の名前は同じにしておく」といいでしょう。

異なる名前を付ける場合って？

「渡す側」「受け取る側」に異なる名前をつけるケースとしては、下記が考えられます。

≡ コード 4-6

```
function keiri_4() {
  const priceApple  = 150;
  const priceOrange = 100;

  const priceAppleWithTax  = calculateTax(priceApple);
  const priceOrangeWithTax = calculateTax(priceOrange);

  console.log(`リンゴの税込み価格： ${priceAppleWithTax}円`);
  console.log(`ミカンの税込み価格： ${priceOrangeWithTax}円`);

// 税抜き価格をもらって、税込み価格を返す
function calculateTax(price) {
  const taxRate = 1.1; // 税率10%とする
  return price * taxRate;
}
```

keiri_4() 関数は、リンゴとミカンの価格をそれぞれ priceApple, priceOrange という名前にしています（これが「渡す方の名前」）。これに対して、calculateTax(price) 関数の方は、リンゴであってもミカンであっても price という名前で扱えるようにしています（これが「受け取る方の名前」）。

引数は複数でもいい

　今までの例では引数はprice1つでしたが、複数指定することもできます。例として「三角形の面積を計算してくれる関数」を考えてみます。計算に必要な情報は「底辺」と「高さ」ですね。つまり「底辺と高さを引数として受け取り、三角形の面積を返す関数」を作ることになります。

≡ コード 4-7 ※部分

```
function calcTriangleArea(base, height) {
  const area = base * height / 2;
  return area;
}
```

　一部復習になりますが、引数を複数受け取る関数を作る時は、下記のように書きます。

ルール

- 関数名の後ろの ( ) の中に引数名を書く
- 引数が複数ある場合は、カンマ区切りで書く

≡ コード 4-7 ※部分

[1] 関数の名前　　**[2] 2つの引数を受け取る**

```
function calcTriangleArea(base, height) {
  const area = base * height / 2;
  return area;
}
```

[3] 計算する

[4] 結果を返す

　これで三角形の面積を計算してくれる関数ができました。実際にこの関数を呼び出します。底辺（base）10、高さ（height）20を引数として渡してみましょう。calcTriangleArea()関数が書かれている状態で下記のコードを書いて実行してください。正しく計算されていることがわかりますね。

```
function triangle_1() {
  const base   = 10;
  const height = 20;

  const area = calcTriangleArea(base, height);
  console.log('面積=' + area);
}
```

```
面積=100
```

関数を複数使うメリットは2つ！

関数を複数使うメリット① ： 再利用ができる

関数を使うメリットの1つ目は、再利用ができることです。

仮に、さきほどの三角形の面積の例triangle_1()関数で、計算したい三角形が2つになったとしましょう。この場合は、「呼び出し元の関数の中で、計算したい三角形ごとに関数calcTriangleArea()を呼び出す」ことをすればOKです。先のコードに続いて、以下のtriangle_2()関数を書き、実行してみてください。

```
function triangle_2() {
  const area1 = calcTriangleArea(10, 20);
  console.log('1の面積=' + area1);

  const area2 = calcTriangleArea(30, 40);
  console.log('2の面積=' + area2);

  // 仮にarea3が必要になったら、ここにまた付け足せばOK
}
```

> 1の面積=100
> 2の面積=600

　このとき「呼び出す側の関数triangle_2()は1つ、呼び出される関数calcTriangleArea()も1つ」という関係になっています。ですが、呼び出される関数に対して、呼び出す側は1つじゃなくてもいいのです。これはどういうことなのか、をこれから説明します。

　自分で打ちこんでいきながら進めていた場合、みなさんのスクリプトファイル（第4章_関数.gs）には、三角形の面積に関する関数として下記の3つの関数が書かれていると思います（関数の順番は前後しても問題ありませんし、これら以外の関数が書かれていても大丈夫です）。

≡ コード 4-7

```javascript
function calcTriangleArea(base, height) {
  const area = base * height / 2;
  return area;
}

function triangle_1() {
  const base   = 10;
  const height = 20;

  const area = calcTriangleArea(base, height);
  console.log('面積=' + area);
}

function triangle_2() {
  const base1   = 10;
  const height1 = 20;
  const area1 = calcTriangleArea(base1, height1);
  console.log('1の面積=' + area1);

  const base2   = 30;
  const height2 = 40;
  const area2 = calcTriangleArea(base2, height2);
  console.log('2の面積=' + area2);
}
```

triangle_1()関数とtriangle_2()関数は別物ですが、どちらの関数も「三角形の面積を計算する」処理をしたいという状況です。こういうときは「三角形の面積を計算する」というcalcTriangleArea()関数を一つ用意しておいて、それぞれの関数で再利用（＝使い回す）ことができます。

関数を複数使うメリット② ： 修正箇所が少なくなる

メリットの2つ目として「修正箇所が少なくて済む」ことがあります。今度は税金計算を例にします。税込み価格を計算したい物品が2つあるとして、一つの関数ですべて解決する実装をしようとすると、以下のようになります。

≡ コード 4-8

```
function keiri_6() {
  const price1 = 1000;
  const price2 = 2000;

  const priceWithTax1 = price1 * 1.1;
  console.log(`${price1}円の税込み価格は${priceWithTax1}円です。
`);

  const priceWithTax2 = price2 * 1.1;
  console.log(`${price2}円の税込み価格は${priceWithTax2}円です。
`);
}
```

▶ ログ

```
1000円の税込み価格は1100円です。
2000円の税込み価格は2200円です。
```

このとき、たとえば税率が10%から20%に変わったとします。

この場合、プログラムではprice1 * 1.1 と price2 * 1.1の2箇所を修正する必要があります。今は簡単なプログラムなのでたった2箇所になっていますが、もし実務で使うプログラムであれば税金を計算する箇所はもっとたくさん出てくるはずですよね。それをすべて漏れなくまちがいなく修正する......たいへんそうです。

こんなとき、税金を計算する関数を作っておく（つまり税金を計算する処理を1箇所にまとめておく）ことができれば、修正箇所も1箇所で済むことになります。

```javascript
function keiri_7() {
  const price1 = 1000;
  const price2 = 2000;

  const priceWithTax1 = calculateTax(price1);
  console.log(`${price1}円の税込み価格は${priceWithTax1}円です。
`);

  const priceWithTax2 = calculateTax(price2);
  console.log(`${price2}円の税込み価格は${priceWithTax2}円です。
`);
}

// 税抜き価格をもらって、税込み価格を返す
function calculateTax(price) {
  const taxRate = 1.1; // 税率が変わったらここを変える
  return price * taxRate;
}
```

　上記のconst taxRate = 1.1;の値を変えることで、すべての税金計算の税率を変えることができます。

　これはプログラムが大きくなってくるほど効いてきます。「使い回せる処理があったら、それ専用の関数を作る」といいでしょう。

引数は、渡す側の順番のとおりに受け取る

　引数が複数ある場合の注意点として、「渡す側の順番のとおりに受け取る」というルールがあります。具体例を見てみましょう。

コード 4-10

```javascript
function minus(x, y) {
  return x - y;
}

function minusTest(){
```

```
    const a = 10;
    const b = 5;

    const result1 = minus(a, b);
    console.log(result1);

    const result2 = minus(b, a);
    console.log(result2);
}
```

▶ ログ

```
5
-5
```

　minus()関数は、x,yの2つの引数を受け取り、x-yの結果をreturnします。minus(x, y)は「受け取った最初の値をx,次の値をyとして受け取る」という意味です。

　次に、minusTest()関数の中で、minus関数に「a」「b」を、順番を変えて渡しています。この時、渡す引数の順番によって出力結果が変わっています。つまり今回の場合は、以下の形になっています。引数の順番は十分注意しましょう。

- minus(a,b)と渡した場合：xにはaが、yにはbが入る
- minus(b,a)と渡した場合：xにはbが、yにはaが入る

複数種類のデータの扱いは、オブジェクトにお任せ

データの塊です

次に、オブジェクトの説明をします。

今回作るタスク管理プログラムでは、「Dateオブジェクト」というオブジェクトを扱います。Dateオブジェクトの説明に入る前に、少し長くなってしまうのですが、まずは「オブジェクト」の説明をおこないます。

それでは、新しいスクリプトファイルを作成して「第4章_オブジェクト」という名前にしてください。

データの集合体 ＝ オブジェクト

ここまで、プログラム内のデータ（値）は「定数・変数に入れる」「配列に入れる」ことで扱ってきました。「オブジェクト」とは、複数のデータをひとまとめにして「データの集合体」として扱える仕組みです。

まず、配列のおさらいをしておきます。配列は、以下のように書き、それぞれの要素を取り出すには「インデックス（0から始まる整数）」を使いました。

≡ コード

```
const seiseki = ["たかし", "国語", 80];
```

一方オブジェクトは「それぞれの要素を入れる箱を作り、箱に名前を付ける」ことができます。

≡ コード

```
const seiseki = { name: 'たかし', subject: '国語',
score:80};

//改行を入れても同じ意味です
```

```
const seiseki = {
  name: 'たかし',
  subject: '国語',
  score:80
};
```

　これでたかし君の国語の点数が入った、seisekiオブジェクトができます。今回は生徒名と教科と点数のデータがあるので、それぞれの箱を name, subject, score という名前にしました。この箱の名前を「キー（key）」と呼びます。

　{から}までが、「オブジェクト」の中身を表します。また、キー（箱の名前）と、その箱に入れる値（バリュー）は:（コロン）でつなぎます。この「キーとバリューのセット」のことを、「プロパティ」と呼びます。

オブジェクトの操作方法

　オブジェクトのプロパティから値を取り出す／設定する方法は、2つあります（なおオブジェクトに限らず値を取り出したり、設定したりすることを「アクセスする」といいます）。

　1つ目はドット記法です。ドットを用いて、以下のように書くと値にアクセスできます。先のseisekiオブジェクトを使うと、seiseki.nameと書けば「たかし」にアクセスできます。

≡ コード

```
オブジェクト名.キー
```

　本書ではドット記法を使いますが、もう1つの書き方として、ブラケット記法も説明しておきます。以下のように角括弧の中で文字列として、キーを指定します。seiseki['name']といった形です。

≡ コード

```
オブジェクト名['キー']
```

　まとめとして、オブジェクトと配列のアクセス法を比べてみましょう。

- 配列の場合：「インデックス」を指定することで要素にアクセスできる
- オブジェクトの場合：「キー」を指定することで要素にアクセスできる

図 4-7 配列とオブジェクト

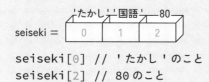
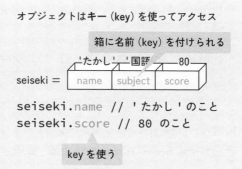

配列は**インデックス**を使ってアクセス

seiseki =

```
seiseki[0] // 'たかし' のこと
seiseki[2] // 80 のこと
```

インデックスを指定する

オブジェクトは**キー（key）**を使ってアクセス

箱に名前（key）を付けられる

seiseki =

```
seiseki.name // 'たかし' のこと
seiseki.score // 80 のこと
```

key を使う

オブジェクトの基本操作を確認しよう

　ここで実際にプログラムを書いて、どんなことができるかをみてみましょう。「第4章_オブジェクト.gs」に下記のコードを書いてください。

コード 4-11

```
function testObject_1() {
  const person = { name: 'GAS太郎', food: 'ラーメン' };

  // 【1】オブジェクトがログにどう表示されるか
  console.log(person);

  // 【2】nameを取り出す
  console.log(person.name);

  // 【3】書き換えることもできる
  person.food = 'ハンバーグ';
  console.log(person.food);

  // 【4】プロパティを追加することもできる
```

```
    person.hobby = 'TVゲーム';
    console.log(person);
  }
```

```
  { name: 'GAS太郎', food: 'ラーメン' }
  GAS太郎
  ハンバーグ
  { name: 'GAS太郎', food: 'ハンバーグ', hobby: 'TVゲーム' }
```

【1】 定義したpersonオブジェクトを、すべてそのままログに出力しています。

　　　 出力結果　→　{ name: 'GAS太郎', food: 'ラーメン' }

【2】 personオブジェクトが持っているnameの値を出力しています。

　　　 出力結果　→　GAS太郎

【3】 プロパティの値を書き換えています。もともとperson.foodにはラーメンが入っていま
　　　 したが、ハンバーグに上書きしたあと、person.foodを出力しています。

　　　 出力結果　→　ハンバーグ

【4】 元のオブジェクトには存在していないプロパティ（キーがhobbyで値がTVゲーム）を
　　　 追加しました。そしてpersonを出力しています。

　　　 出力結果　→　{ name: 'GAS太郎', food: 'ハンバーグ', hobby: 'TVゲーム' }

　配列と比べて「何の値にアクセスしたいのか」が、直感的にわかりやすくなったと思い
ませんか？　配列のインデックスは数字なので、その数字が何の値なのかを把握している
必要がありました。オブジェクトであれば、キーに名前をつけられるため意味がわかり、
判断しやすくなります（もちろん、わかりやすいキーを命名することが重要です）。

　プログラムの中で扱うデータを配列にするのか、オブジェクトにするのか、はプログラ
ムを書く人が決めるのですが、どちらを使う場合も「わかりやすいデータ構造にする」と
いうのが大事になってきます。

オブジェクトにはいろいろなものが入れられる

　上のサンプルコードでは、プロパティの値として「文字列」と「数字」を入れていましたが、値として「配列」「オブジェクト」「関数」も入れることができます。

　下記では「人に関する情報」をオブジェクトとして生成し、personに代入しています。コードを書いて実行してみてください。

☰ コード 4-12

```javascript
function testObject_2(){
  const person = {
    name: 'GAS太郎', // 文字列
    age: 17,         // 数字
    hobby: ['プログラミング', '楽器', '旅行'], // 【1】配列
    pet: {  // 【2】オブジェクト
      type: 'dog',
      name: 'シロ',
      age: 2
    },
    greet: function(){ // 【3】関数
      console.log("こんにちは!");
    }
  }

  console.log(person.hobby[2]);
  console.log(person.pet.name);
  person.greet();
}
```

▶ ログ

```
旅行
シロ
こんにちは!
```

【1】hobbyの値として、趣味の情報を配列で設定しています。
　　console.log(person.hobby[2]);の出力結果　→　旅行

213

【2】petの値として、ペット情報が入ったオブジェクトを設定しています。

　　console.log(person.pet.name);の出力結果　→　シロ

【3】greetの値として、関数を設定しています。

　　person.greet();の出力結果　→　こんにちは！

オブジェクトの持つ関数 ＝「メソッド」

　覚えておきたい用語として、オブジェクトが持っている関数を、「メソッド」と呼びます。コード4-12の場合、たとえば「personオブジェクトはgreetメソッドを持っている」のような表現をします。person.greet();で、personオブジェクトの持っているgreetメソッドを実行する、という意味になります。

配列とオブジェクトの使い分け

　配列とオブジェクトは、どう使い分けるのがいいでしょうか。厳密なルールは存在しないため私の考えになってしまいますが、「一種類のデータであれば配列」「複数の種類のデータであればオブジェクト」が扱いやすいと感じます。

　たとえば、下記scores配列の中身の種類は、すべて点数です。一方でuserオブジェクトは、いろいろな情報を持っています。

≡ コード

```
const scores = [90,80,95,75,85,70,80,85,90,95];

const user = {
  name: "たろう",
  score: 90,
  email: "taro@example.com"
}
```

userの情報を、下記のように配列で表現することも可能です。

≡ コード

```
const user = ["たろう", 90, "taro@example.com"];
```

しかしこの場合、データを取り出す際に「最初の要素が名前で、2番目が点数、3番目がメールアドレスである」ことを覚えておかないとなりません。今は3種類の情報しかありませんが、たとえば「電話番号や住所、血液型や趣味」など、userの情報が増えた場合には何番目に何が入っているのか、把握が難しくなります。

一方、オブジェクトはこれらにキー（名前）をつけることができます。そのため、順番を意識せずとも、以下のようにscoreを出力することが可能です。

> 三 コード

```
console.log(user.score);
```

オブジェクトには、関連する情報だけ入れよう

注意として、「○○オブジェクトには○○に関することしか入れない」のが鉄則です。下のように書いても「構文的には」まちがっていないオブジェクトです。

> 三 コード

```
const user = {
  name: "たろう",
  score: 90,
  email: "taro@example.com",
  weather: "晴れ",
  calculateTax: function (price) {
    const taxRate = 1.1;
    return price * taxRate;
  }
}
```

しかし、「user」を表現するのに「weather（天気）」というプロパティは不要ですし、（このuserが税金を計算する仕事をしていないのであれば）calculateTaxメソッドを持っていることも不自然ですよね？

「必要なところに必要なものを持たせる」「同じようなものは同じところにまとめる」というデータ構造を作るのは、「わかりやすいプログラムにする」ためのコツになります。

なお補足ですが、実は、配列の要素としてオブジェクトや関数を入れることも可能です。

組み込み
オブジェクトとは

用意されているものは
利用しましょう！

それでは、今回の課題解決プログラムで使う、「組込みオブジェクト」の説明です。

プログラムで実現したいことを「ゼロからすべて自分で作る」のはとてもたいへんです。たとえば「12.345」という小数を「四捨五入して12にする」というプログラムを自分で書くのはたいへんそう……ですよね？

そのため、プログラム言語では「よく使う処理のための関数」が、最初から用意されています。前項で「同じものは同じところにまとめておく」と説明しましたが、これはまさにこのことで、ジャンルごとに便利な関数をわけ、一つのオブジェクトとしてまとめてくれているのです。たとえば、以下の4つのオブジェクトがあります。

Array：配列に関する関数がまとまっているオブジェクト
Date：日付に関する関数がまとまっているオブジェクト
Math：数学に関係する関数がまとまっているオブジェクト
String：文字列に関する関数がまとまっているオブジェクト

これらのことを総称して「組み込みオブジェクト」と呼びます。「始めから用意されているもの」といった意味です。「JavaScript　組み込みオブジェクト」で調べてみると全体像がわかると思います。

ここではGASでの業務自動化でよく使うものに絞って紹介します。ここに挙がっているもの以外でも「使える」関数は多くあるため、「こういうことできるかな?」と思ったら検索してみてください。

Math：数学関連のメソッド

数学（mathematics）関連の計算や値のための組み込みオブジェクトです。表4-1のようなメソッドが用意されています（オブジェクトが持っている関数をメソッドと呼ぶのでしたね）。

表 4-1 Math オブジェクトのメソッド（一部）

メソッド	意味
Math.abs(x)	xの絶対値を返す
Math.ceil(x)	x以上の最小の整数を返す（つまり小数点以下を切り上げできる）
Math.floor(x)	x以下の最大の整数を返す（つまり小数点以下を切り捨てできる）
Math.max(x,y,z...)	引数として与えた複数の値の中での最大値を返す
Math.min(x,y,z...)	引数として与えた複数の値の中での最小値を返す
Math.random()	0以上 1未満の疑似乱数を返す
Math.round(x)	xの小数点第一位を四捨五入して整数を返す
Math.pow(x, y)	xのy乗を返す

これらのメソッドを使って、四捨五入、切り捨て、切り上げのやり方を学習しましょう。

≡ コード 4-13

```
function testMathObject_1(){
  const x = 12.345;

  // 小数点第一位を四捨五入
  console.log(Math.round(x)); // -> 12

  // 小数点以下を切り捨て
  console.log(Math.floor(x)); // -> 12

  // 小数点以下を切り上げ
  console.log(Math.ceil(x)); // -> 13
}
```

もう少し複雑な計算、たとえば「小数点第二位を四捨五入して、小数点第一位まで表示したい」といった場合は、これらのメソッドを使って自分で作る必要があります。ただそれでも、一から自分で作るよりは簡単です。

≡ コード 4-14

```
function testMathObject_2(){
  const x = 12.345;

  // 小数点第二位を四捨五入
```

```
    console.log(Math.round(x * 10) / 10); // -> 12.3
  }
```

　一見するとわかりにくいかもしれませんが、以下の順番で「小数点第二位を四捨五入して、小数点第一位まで表示」を実現しています。このように「用意されている部品を利用して、自分がやりたいことを実現する」ことがプログラミングでは大事になります。

- x*10 で、x を 10 倍して 123.45 にする
- Math.round(123.45) の結果が 123 になる
- 最後に、123/10（10 で割る）をして 12.3 になる

Date：日付のこと

　GASでの自動化で、避けて通れないのが「日付／時刻をどう扱うか」です。この章の課題である「タスク管理」でも「期限日」として「日付」が存在しています。
　"2022/05/10" は、人が見れば「日付」として認識できますよね？　しかしプログラムから見ると "2022/05/10" は単なる「文字列」です。日付を足し引きすることもできませんし、この日が何曜日なのかもわかりません。
　そんな日付をプログラム上で扱いやすくするための方法をここでは紹介しますが、先に「タイムゾーンの設定」を確認しておく必要があります。

タイムゾーンの設定をしよう

　タイムゾーンとは「どこの国・地域の標準時を使うか」の設定です。Google スプレッドシートを例にすると、「Google スプレッドシートのタイムゾーン」「スクリプトエディタのタイムゾーン」はそれぞれ別で設定されています。たとえば「前者は Asia/Tokyo」「後者は America/New_York」で設定されている状態で GAS を実行すると、日時の計算が意図したように動作しないことがあります。デフォルトではそろっていないこともあるため、事前にそれぞれのタイムゾーンを確認しておきましょう。
　Google スプレッドシートの設定は簡単です。メニュー画面「ファイル」から「設定　→　タイムゾーン　→　Tokyo」を選択してください（図4-8）。

図4-8 Google スプレッドシートの設定

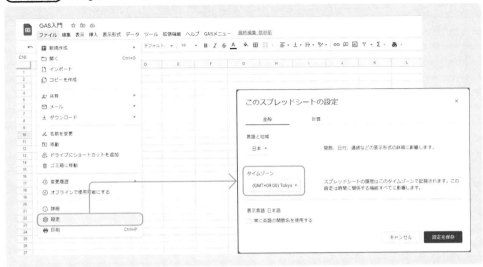

スクリプトエディタのタイムゾーン設定は少しややこしいのですが、まず、appsscript.jsonファイル（日付／時刻の情報が保存されているファイル）を編集できるようにする必要があります。まず左側「プロジェクトの設定」から、「「appscript.json」マニフェストファイルをエディタで表示する」にチェックを入れてください。すると、appscript.json が表示されます（図4-9、図4-10）。

図4-9 スクリプトエディタの設定

第4章 タスク管理リストでリマインドをしてほしい！

図4-10 appscript.json ファイル

図4-10 appscript.json ファイル

私の環境ではtimezoneとしてAmerica/New_Yorkが初期設定されていました。これを、Asia/Tokyoに書き換えて保存します。

≡ コード

```
"timeZone": "Asia/Tokyo",
```

変更がうまくいったかを確認しましょう。時刻を出すよう命令し、その実行ログを見ることで、確認できます（new Dateについては後で説明します）。

≡ コード 4-15

```
function testTimezone() {
  console.log(new Date())
}
```

タイムゾーンがニューヨークが設定されている状態で、上記の関数を実行すると、アメリカ東海岸のタイムゾーンで時刻が出力されます。これをタイムゾーンを東京に書き換えてから実行すると、ログが日本標準時になっていることが確認できます。

みなさんも「日時や時刻が合っていない」という現象が起こったら、タイムゾーンを確認してみてください。

Date オブジェクトのメソッド

「日付や時刻」を扱いやすくするために、「Dateオブジェクトのメソッド」が用意されています（表4-2）。実際の使い方を見ていきましょう。

表 4-2 Dateオブジェクトのメソッド（**一部**）

メソッド	意味
getFullYear()	年を4桁で取得する
getMonth()	月を取得する
getDate()	日にちを取得する
getDay()	曜日を取得する

現時刻の情報を持つDateオブジェクト

≡ コード 4-16

```
function testDateObject_1(){
  const today = new Date();
  console.log(today);
}
```

new Date()で、「プログラムが実行された時点の時刻を表すDateオブジェクト」が生成されます。「新たなオブジェクトを作る」ときにはnewを使います。この「new」の概念を理解するには「クラス」や「インスタンス」といった、プログラムの構造についての知識が必要になるのですが、難易度が高くなるため、本書では説明を省略します。Dateを使うときはnewをすると覚えてしまってください。ものすごく簡単にいうと、元のオブジェクトをコピーして使えるようにするためのものです。

上記の関数を実行すると、下記のように「現時刻」が表示されます。

▶ ログ

```
Feb Tue 22 2022 18:11:58 GMT+0900 (Japan Standard Time)
```

ここでのtodayは「現時刻の情報を持ったDateオブジェクト」になります。「現時刻の

情報」とは何でしょうか？　これを知るために下記の関数を実行してみましょう。

コード 4-17

```javascript
function testDateObject_2(){
  const today = new Date();

  const year    = today.getFullYear();
  const month   = today.getMonth() + 1;
  const date    = today.getDate();
  const hours   = today.getHours();
  const minutes = today.getMinutes();
  const seconds = today.getSeconds();

  console.log(`現時刻は ${year}年${month}月${date}日${hours}時
${minutes}分${seconds}秒です。`);
}
```

▶ ログ

現時刻は 2022年2月22日18時12分32秒です。

　どうでしょうか。プログラムを（日付の具体的な数字はみなさん異なると思いますが）実行した時の時刻が出力されていれば成功です。では、1行ずつ見ていきます。

コード 4-17 ※部分

```javascript
const year = today.getFullYear();
```

　現時刻の情報を持ってるtodayに対して、.getFullyear()関数を実行すると、西暦を4桁で返してくれる（という決まり）になっています。よって、yearの中に西暦4桁が入ります。
　これは、「オブジェクト」の項で学習したperson.greet();と同じ形です。person.greet();の意味は、「personオブジェクトが持っているgreetメソッドを実行する」でした。
　今回は、組み込みオブジェクトであるDateが持っているgetFullyearメソッドを使い、西暦を取得しています。以降、getMonth、getDate、なども仕組みは同じです。

getMonth()は0起算

日付の中で特に「月」を扱う際に、注意したい点があります。

≡ **コード 4-17** ※部分

```
const month = today.getMonth() + 1;
```

getMonth()で取得できる「月」は「0起算」というルールになっています。つまり、現在が1月のときにtoday.getMonth()を実行すると「0」が取得されてしまうのです。そのため、+1して月数を合わせています。

このほか、Dateオブジェクトに関して、どのようなメソッドが用意されているのか、は「JavaScript　Date」で検索するとわかります。

任意の時刻の情報をもつDateオブジェクトを作る

todayは「関数が実行された時点の時刻情報をもっているDateオブジェクト」でしたが、任意の時刻情報を持つDateオブジェクトを作ることもできます。その際は、以下の各引数に数字を入れることで指定できます（月は0起算なので、1月を指定したいときは0を指定します）。

ルール

```
new Date(年，月，日，時，分，秒，ミリ秒);
```

≡ **コード 4-18**

```
function testDateObject_3(){
  const d = new Date(2022,0,1,12,34,56,789);

  const year    = d.getFullYear();
  const month   = d.getMonth() + 1;
  const date    = d.getDate();
  const hours   = d.getHours();
  const minutes = d.getMinutes();
  const seconds = d.getSeconds();
  const milliseconds = d.getMilliseconds();

  console.log(`${year}-${month}-${date} ${hours}:${minutes}:
```

```
    ${seconds}.${milliseconds}です。`);
    }
```

```
    2022-1-1 12:34:56.789です。
```

　数字での指定のほか、new Date()の( )内に、時刻を文字列で指定することもできます。時刻の文字列での表し方は、いろいろなフォーマットがありますが、RFC 2822やISO 8601といった国際規格を参考にする場合が多いようです。私は下記のフォーマットをよく使います。

≡ コード

```
    date1 = new Date("2022-12-31 23:59:59");
    date2 = new Date("2022/12/31 23:59:59");
```

　この書き方ではミリ秒を省略していますが、この場合はミリ秒に000が設定されています。このように、省略した箇所は、すべて000が代入されます。たとえば、以下のように書くと、2022-12-31 00:00:00.000が設定されます。

≡ コード

```
    date3 = new Date("2022-12-31");
```

曜日を判別する

　「曜日」を取得するにはgetDay()を使用します。下記の関数を実行してみましょう。

≡ コード 4-19

```
    function testdateObject_youbi(){
      const day = new Date("2022-01-01");
      console.log(day.getDay());
    }
```


▶ ログ

> 6

2022年1月1日は土曜日ですが、「6」という数字が出力されています。これはJavaScript
の仕様で、0が日曜日、1が月曜日......6が土曜日を表すからです。数字を曜日に紐づけて出
力するには下記のようにgetDay()で取得した値で分岐する方法があります。

≡ コード 4-20

```
function testDateobject_youbi_2() {
  const today = new Date();
  const youbi = today.getDay();
  let youbiJp;

  if (youbi === 0) {
    youbiJp = "日曜日";
  } else if (youbi === 1) {
    youbiJp = "月曜日";
  } else if (youbi === 2) {
    youbiJp = "火曜日";
  } else if (youbi === 3) {
    youbiJp = "水曜日";
  } else if (youbi === 4) {
    youbiJp = "木曜日";
  } else if (youbi === 5) {
    youbiJp = "金曜日";
  } else if (youbi === 6) {
    youbiJp = "土曜日";
  }
  console.log(`今日は${youbiJp}です`);
}
```

これを実行すると、実行した時点の曜日が表示されるはずです。ただ、このプログラムだ
とわかりやすくはありますが少し長くなりますよね。そこで、配列の特徴を使った書き方
があります。

```javascript
function testDateObject_youbi_3() {
  const today = new Date();
  const youbi = today.getDay();
  const youbiArray = [ "日曜日", "月曜日", "火曜日", "水曜日", "
木曜日", "金曜日", "土曜日" ];

  console.log(`今日は${youbiArray[youbi]}です`);
}
```

このように youbi を表す数字を配列のインデックスとして利用する方法です。これだと
スマートに書けますね！

Dateオブジェクトに時刻情報を設定する

すでに存在するDateオブジェクトに対して、時刻情報をセットすることができます。

```javascript
function testDateObject_4(){
  const d = new Date(2022, 9, 10); // 2022年10月10日のDateオ
ブジェクト
  console.log(d);

  d.setDate(20); // 日にちに20を設定する
  console.log(d);
}
```

▶ ログ

```
Mon Oct 10 2022 00:00:00 GMT+0900 (Japan Standard Time)
Oct Oct 20 2022 00:00:00 GMT+0900 (Japan Standard Time)
```

Dateオブジェクト(d)に対して、setDate(日にち)をすることで、指定した日にちにセッ
トすることができます。こちらも get と同じように、setFullYear(), setMonth(), setDate()
……というメソッドが用意されています。

「昨日」の日付を求めよう

さて、ここまでの知識を使って「昨日」の日付を取得する方法を考えてみます。GASでの業務自動化の際に、「GAS実行時点の前日の日付情報がほしい」ことがあるからです。たとえば作業記録が「日付、作業者名、作業内容、作業完了数」とスプレッドシートに記録されているとして、「朝の時点で前日分を集計して報告したい」などのときです。

それでは、下記の関数を実行してみましょう。

≡ コード 4-23

```
function testdateObject_5(){
  const today = new Date();
  const yesterday = new Date(today.getFullYear(), today.
getMonth(),today.getDate() -1);

  console.log(today);
  console.log(yesterday);
}
```

ログの1行目に現在の時刻。2行目には前日の00:00:00の時刻が出力されていると思います。

yesterdayに入っている日付が、todayの前日になっていることがわかります。これは、new Dateを以下のように利用した方法です(今日の日付-1、がポイントです)。

≡ コード

```
new Date(今日の年, 今日の月, 今日の日付-1)  // 昨日の日付をもつDateオ
ブジェクト
```

でもこれだと、仮に「今日がついたち」だった場合は「今日の日付-1」がゼロになってしまうのでしょうか? どうなるか実験してみましょう。

≡ コード 4-24

```
function testDateObject_6(){
  const today = new Date(2022,10,1); // 11月1日
  const yesterday = new Date(today.getFullYear(),today.
getMonth(),today.getDate()-1);
```

```
    console.log(today);
    console.log(yesterday);
  }
```

```
  Tue Nov 01 2022 00:00:00 GMT+0900 (Japan Standard Time)
  Mon Oct 31 2022 00:00:00 GMT+0900 (Japan Standard Time)
```

　todayは2022年11月1日を表すDateオブジェクトです。yesterdayの日にちの引数に
today.getDate()-1を指定しています。出力結果がOct 31になっている通り、「11月1日の前
日」になっていることがわかります。これで、「今日がついたち」の場合にも「昨日」が取
得できましたね！

2つの時刻の差分を求めよう

　Dateオブジェクトにはget Time()というメソッドがあります。これは

「1970-01-01 00:00:00（UTC）からの経過時間をミリ秒単位で取得する」

というメソッドです。UTCとはUniversal Time, Coordinated（協定世界時）のことで、世
界の基準となっている時刻です。ちなみに、日本標準時はJST（Japan Standard Time）と
呼び、UTCとは9時間の時差があります。
　さて、get Time()を利用すると、2つの時刻の差を求めることができます。下記の関数を実
行してみましょう。

≡ コード 4-25

```
  function testDateObject_7(){
    const date1 = new Date("2022-10-10 00:00:00");
    const date2 = new Date("2022-10-11 00:00:00");

    const difference = date2.getTime() - date1.getTime();

    // 日にちに変換
    console.log( difference / (24 * 60 * 60 * 1000) );
```

```
    // 時間に変換
    console.log( difference / (60 * 60 * 1000) );

    // 分に変換
    console.log( difference / (60 * 1000) );

    // 秒に変換
    console.log( difference / (1000) );
}
```

```
1
24
1440
86400
```

　このサンプルでは2022-10-10 00:00:00 と 2022-10-11 00:00:00 の「差分」を求めています。まず、date1.getTime()、date2.getTime() で、1970年1月1日からの date1、date2 の経過時間を求め、その差を求めています（図4-11）。

図 4-11 経過時間の概略図

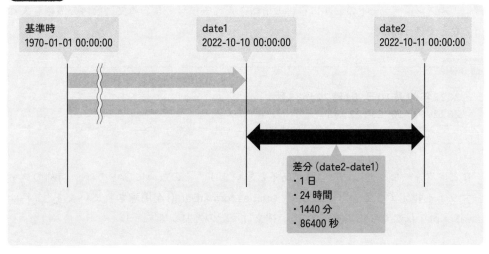

ただし、getTime()で取得できるのはミリ秒単位での経過時間です。そのため、それぞれの単位に変換するためにたとえば日にちに換算するなら「24（時間）＊60（分）＊60（秒）＊1000（ミリ秒）」で割っているわけです。

この章の課題である「タスク管理」でも「期限日まで何日あるのか」を計算するときに、この方法が出てきます。覚えておいてください！

時刻の表示形式

日付や時刻を扱ううえで避けて通れないのは「時刻をどういう形式（フォーマット）で表示するか」です。試しに、Dateオブジェクトをそのままログに出力してみます。

≡ コード4-26

```
function testDateObject_8(){
  const date = new Date(2022,0,10,1,22,33);
  console.log(date);
}
```

▶ ログ

```
Mon Jan 10 2022 01:22:33 GMT+0900 (Japan Standard Time)
```

デフォルトだと、時刻の情報が上記のような「文字列」として出力されます。しかし、実際に「スプレッドシートのセルに日付の情報を入れる」「メールの本文に日付の情報を入れる」などで使う時は、

▶ ログ

```
2022年01月10日 01時22分33秒
2022/01/10 01:22:33
```

などのフォーマットにしたい時があると思います。そのためにGASでは、「時刻のフォーマットを指定できる」方法として、Utilities.formatDate()が用意されています（これはJavaScriptではなくGASの機能です）。構文は下記のとおりです。

図 4-12 Utilities.formatDate() の構文

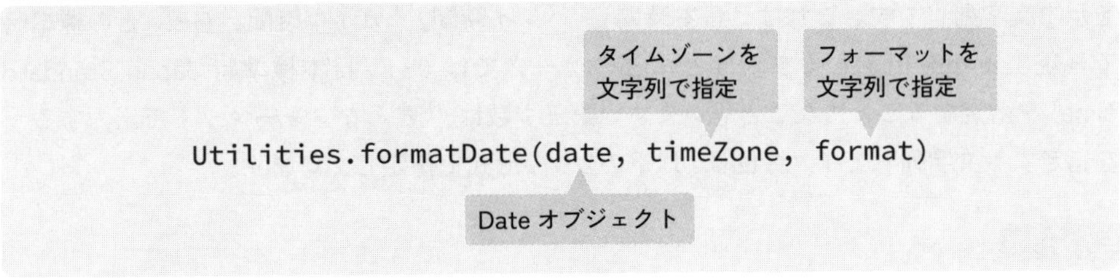

```
                                    タイムゾーンを      フォーマットを
                                    文字列で指定        文字列で指定

        Utilities.formatDate(date, timeZone, format)

                            Date オブジェクト
```

　Utilities.formatDate() という関数に3つの引数を渡していますね。どういうことか具体的なコードで見てみましょう。次の関数を実行してみてください。

≡ コード 4-27

```
function testDateObject_9(){
  const date = new Date(2022,0,10,1,22,33);
  console.log(Utilities.formatDate(date, 'JST', 'yyyy年M月d日
H時m分s秒'));
  console.log(Utilities.formatDate(date, 'JST', 'yyyy年MM月
dd日 HH時mm分ss秒'));

  console.log(Utilities.formatDate(date, 'JST', 'yyyy/MM/dd
HH:mm:ss'));
}
```

▶ ログ

```
2022年1月10日 1時22分33秒
2022年01月10日 01時22分33秒
2022/01/10 01:22:33
```

　コード内の以下の部分に着目して見てみましょう。

≡ コード

```
Utilities.formatDate(date, 'JST', 'yyyy年M月d日 H時m分s秒')
```

第一引数のdateは文字列に変換したいDateオブジェクト、第二引数が「タイムゾーンを示す文字列」です。これは「日本時間」「ハワイ時間」「カイロ時間」など、どの標準時で表現するかを指定します。ほとんどのケースでは'JST'（日本標準時 Japan Standard Time）を指定することになると思います。第三引数は、「どんなフォーマットで出力するかを指定する文字列」です。今回は、以下の2つの形式で指定しています。

```
'yyyy年M月d日　H時m分s秒'

'yyyy年MM月dd日　HH時mm分ss秒'
```

　両者は「1月／01月」「1時／01時」のように、「一桁を一桁のまま表示するか、二桁で表示するか」が異なります。「MM」や「dd」など、2つ重ねると一桁を二桁で表示できます。
　このように、特定の文字（yyyyやHHなど）が時間を表す数字に置き換わるのですが、どの文字がどう置き換わるかについての具体的な仕様は、以下から確認できます。

https://docs.oracle.com/javase/7/docs/api/java/text/SimpleDateFormat.html

　また、「GAS　日付　フォーマット」などで検索するとよく使うものが出てくると思います。Utilities.formatDate()は日付を整形するときによく使いますので覚えておきましょう。ここまでで、オブジェクトの説明は終了です。

見せなくていいものは
隠しちゃおう（スコープ）

コードの影響範囲は
どこまでなのか？

さて、ここまでGASを実行するときは「関数を選択して実行する」ことをしていました。
下記のように、関数がおこなう処理は { から } の中に書かれています。

≡ コード

```
function oneTen() {        oneTest関数はここからはじまり
  let total = 0;

  for (let i=1; i<=10; i++) {
    total = total + i;
  }
  console.log(`合計は ${total} です`);
}     ここで終わる
```

これら「関数」を実行することで、その関数の中に書かれたプログラムが実行されてい
ました。……では、「関数の外」にプログラムを書いたらどうなるでしょうか？
　ここでは「スコープ」を学習します。新たなスクリプトファイルを作成し、「第4章_ス
コープ」という名前にしてください。

プログラムはグローバル領域から実行される

下記のコードを書いてscope_1()関数を実行するとどうなるでしょうか？

≡ コード 4-28

```
// 関数の外にあるコード
console.log('Good Morning.'); // (1)
```

```
// 実行するのはこの関数
function scope_1(){
  console.log('Hello.'); // (3)
}

// 関数の外にあるコード
console.log('Good Bye.'); //(2)
```

▶ ログ

```
Good Morning.
Good Bye.
Hello.
```

実行順序がコード内のコメントの (1)(2)(3) の順になっていますね。つまり、関数の外にある (1)(2) を実行してから、関数の中にある (3) を実行する、という順序になっています。

ここで、関数の外のことを「グローバル領域」、関数の中のことを「ローカル領域」と呼びます。ある関数を実行すると、まず最初にグローバル領域が上から順番に実行され、その後に指定した関数が実行されるというルールがあります。

≡ コード 4-28

```
console.log('Good Morning.');

function scope_1(){
  console.log('Hello.');   関数の中      関数の外 = グローバル領域
}

console.log('Good Bye.');
```

スコープとは 「見える範囲」

スコープは「定数・変数の有効範囲」のことです。これによって、「ある定数・変数が参照ができる範囲/できない範囲」が決まっています。スコープには、「グローバルスコープ」「ローカルスコープ」「ブロックスコープ」の3種類があります。

今回の課題のような複雑なプログラムを作るうえでは、「どの定数・変数がどこまで参照できるのか」を把握することが大事です。覚えておいてほしいキーワードとしては、「**中のことは外からは見えない**」です。具体的にどういうことか、いくつかのサンプルを通して見てみましょう。

......の前に、ここで注意です。これ以降のスコープに関するコードは、毎回「第4章_スコープ.gs」に書かれているコードをすべて消してからコードを書いてください。また、このプロジェクトに存在するスクリプトファイル（第1章〜第3章も含む）のすべてにおいて、グローバル領域に関数以外のものが書かれていないことを確認してから進んでください。

サンプル① ： グローバル領域からローカル領域は見えない

「第4章_スコープ.gs」に書かれているコードをすべて消してから、下記を書いてください。

≡ コード 4-29

```
// グローバル領域
console.log(localText);

function scope_2() {
  const localText = "中で宣言された変数";
}
```

scope_2()関数を実行するとどうなるでしょうか。先ほど学んだ「グローバル領域から実行される」ルールがあるので、まず「localTextをログに出力する」ための以下の命令が実行されるはずなのです。ですが、これを実行するとエラーが発生します（図4-13）。

≡ コード

```
console.log(localText);
```

図 4-13　localText is not defined

実行ログ		
10:53:16	お知らせ	実行開始
10:53:16	エラー	ReferenceError: localText is not defined
		(匿名) @ 第4章_スコープ.gs:2

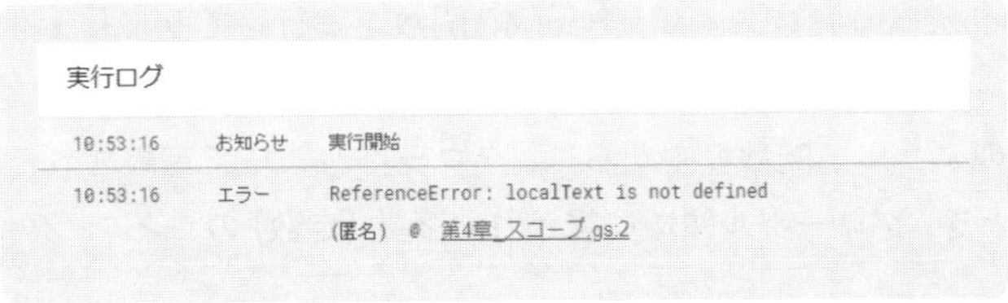

これは「グローバル領域からは、関数の中にある変数は見えない」ために起きます。localTextという変数はscope_2()関数の中に定義されています。よって、グローバル領域からは見えません。そのため、「localText is not defined（localTextという変数が定義されていません）」というエラーが出るのです。

このとき、scope_2()関数内のlocalTextのように、関数の中で定義される変数を、ローカル変数といいます（図4-14）。

（図 4-14） グローバル領域から関数の中の変数は見えない

サンプル② ： 関数（ローカル領域）からグローバル領域は見える

次に、サンプル①のコードを消してから、下記を書いてみましょう。

≡ コード 4-30

```
// グローバル領域
const globalText = "グローバル";

function scope_3() {
  console.log(globalText);
}

function scope_4() {
  console.log(globalText);
}
```

この状態で、scope_3()関数およびscope_4()関数を実行してみましょう。どちらの関数もログには「グローバル」と出力されます。

これは図4-15のように「関数の中からは、グローバル領域で定義された変数は見える」ためです。このとき、グローバル領域に書かれた変数（定数）のことを、グローバル変数（定

数）と呼びます。

図 4-15 関数の中からグローバル領域は見える

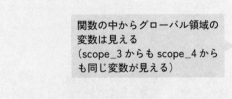
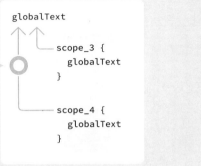

関数の中からグローバル領域の
変数は見える
（scope_3 からも scope_4 から
も同じ変数が見える）

```
globalText

        scope_3 {
            globalText
        }

        scope_4 {
            globalText
        }
```

サンプル③ ： 別関数（別スコープ）の同じ変数名は別物

次に、サンプル②のコードを消してから下記を書いてみましょう。

≡ コード 4-31

```
function scope_5() {
  const localMessage = 'scope5のlocalMessage';
  console.log(localMessage);
}

function scope_6() {
  const localMessage = 'scope6のlocalMessage';
  console.log(localMessage);
}
```

　ローカル変数／定数（関数の中で定義した変数／定数）は、定義した関数の中だけで利用
できます。

　上記のコードでは2つの関数がありますが、scope_5()関数を実行すると「scope5の
localMessage」が出力され、scope_6()関数を実行すると「scope6のlocalMessage」が出力
されます。どちらの関数の中でもlocalMessageという定数が存在していますが、この場
合、実行している関数の中で、同名の変数・定数を探しにいきます（図4-16）。

図 4-16　同名の変数・定数が別の関数にもある場合

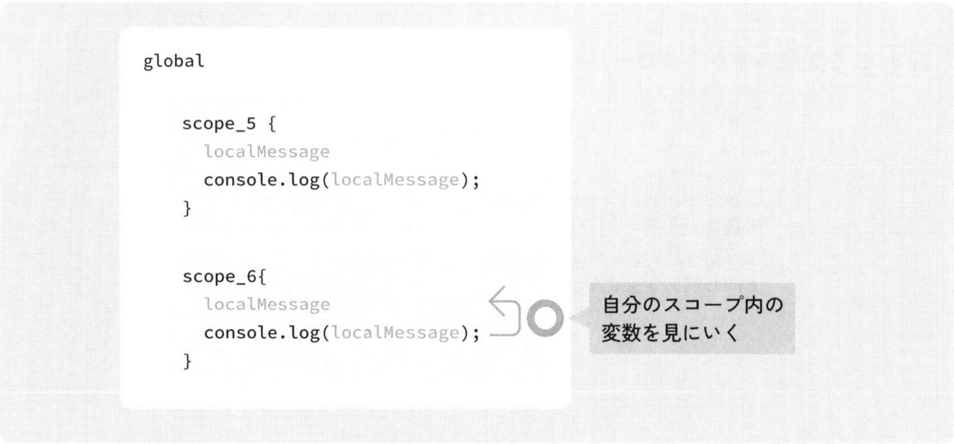

```
global

    scope_5 {
      localMessage
      console.log(localMessage);
    }


    scope_6{
      localMessage
      console.log(localMessage);           自分のスコープ内の
    }                                       変数を見にいく
```

サンプル④：
グローバル領域とローカル領域で、変数名が同じ変数がある場合

では、グローバル変数と同じ名前のローカル変数が存在したらどうなるでしょうか。
サンプル③のコードを消してから下記を書いてみましょう。

☰ コード 4-32

```
const message = 'グローバル';

function scope_7() {
  const message = 'ローカル';
  console.log(message);
}
```

このとき scope_7() 関数を実行すると、エラーにはならず「ローカル」が出力されます。
まずローカル領域　→　グローバル領域の順に message 変数を探しにいきますが、実行し
た関数の中で、message 変数が見つかったからです。このとき、const message = 'ローカ
ル';の行を削除すると、「グローバル」が出力されます。
　この例では、エラーにはなりません。ですが、グローバル変数とローカル変数で同じ名前
をつけると、自分がコードを書いたり、あるいは他の人が読み解いたりする際に混乱のもと
になります。定数・変数を作るときの注意点として、それぞれは異なる名前にしたほうが
いいでしょう（図4-17）。

図 4-17 グローバル領域とローカル領域に同じ変数・定数がある場合

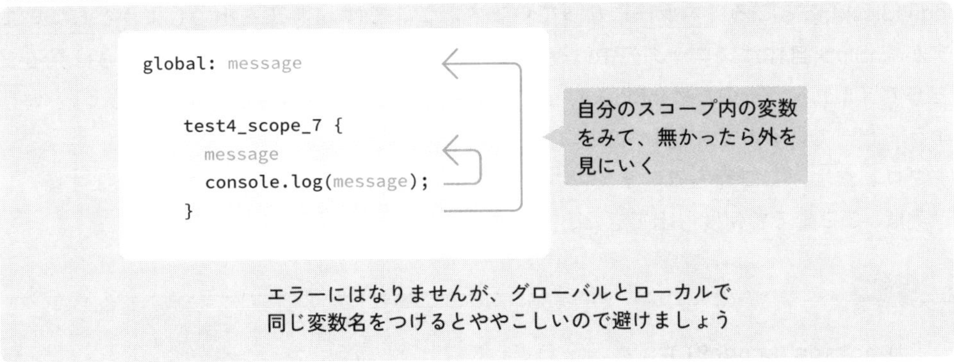

```
global: message

test4_scope_7 {
    message
    console.log(message);
}
```

自分のスコープ内の変数をみて、無かったら外を見にいく

エラーにはなりませんが、グローバルとローカルで
同じ変数名をつけるとややこしいので避けましょう

サンプル⑤ ： ブロックスコープ

GAS(JavaScript) では { } で「ブロック」というものを作ることができます。

≡ コード 4-33

```
function scope_8() {
  const outBlock = "ブロックの外";

  // { から } までを「ブロック」と呼ぶ
  {
    const inBlock = "ブロックの中";
    console.log(outBlock);
    console.log(inBlock);
  }

  console.log(outBlock);
  console.log(inBlock);  //ブロックの中は見えないのでエラーになる
}
```

図 4-18 一部にエラーが出る

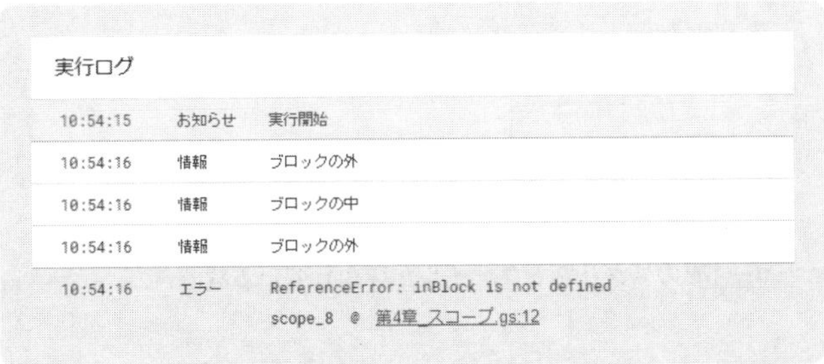

実行ログ		
10:54:15	お知らせ	実行開始
10:54:16	情報	ブロックの外
10:54:16	情報	ブロックの中
10:54:16	情報	ブロックの外
10:54:16	エラー	ReferenceError: inBlock is not defined scope_8 @ 第4章_スコープ.gs:12

scope_8()関数の中で、ブロックを一つ作っています。このコードは、最後のconsole.log(inBlock);のところでエラーになっています。ここではinBlockを出力しようとしていますが、inBlock自体はブロックの中に存在しているので、console.log(inBlock);からは見ることができません。そのためinBlock is not defined（inBlockが定義されていませんよ）というエラーが出ているのです（図4-18）。

ブロックは、「ここからここまででスコープを制限したい」という時に使用します。

実は、ここまでで何度も出てきた、

```
function scope9() {
}

for(let i=0; i<10; i++) {
}
```

などにおける{}もブロックにあたります。そのため、その中で宣言した定数・変数はその中でしか使えない、ということになるのです（ただ、自分でブロックを作る機会はあまりないと思います）。

同一プロジェクトなら、グローバル領域は1つだけ

1つのプロジェクトの中は、1つの同じグローバル領域に存在します。**別のスクリプトファイルであっても、同じグローバルスコープの中にいることになります。**

たとえば「スコープのテスト」という1つのプロジェクトに、2つのスクリプトファイル（.gs）を作成し（図4-19）、それぞれのスクリプトファイルにはコード4-34の「コード1.gs」「コード2.gs」が書かれているとします。

図 4-19　2つのスクリプトファイル

「スコープのテスト」というプロジェクトにコード1とコード2のスクリプトファイルが存在している状態

```
// コード1.gs
const globalText = "グローバル変数";

function sample_1() {
  console.log(globalText);
}
```

```
// コード2.gs
function sample_2() {
  console.log(globalText);
}
```

　この状態でsample_2()関数を実行すると、ログに「グローバル変数」と表示されます。ですがglobalTextはコード1.gsだけに定義されています。

　これは、「一つのプロジェクトの中は、一つの大きなグローバル領域になっている」ためです。つまり、上記の「コード1.gs」と「コード2.gs」は、実質1つのスクリプトファイルに書いてあることと同じ、ということです。

　いままで書いてきたコードでいうと、「第1章.gs」「第2章.gs」も、それぞれ違うスクリプトファイルにしていると思います。でも、これらはすべて「GAS入門」という同じプロジェクトに存在しているので、実はすべて「GAS入門のグローバル領域」に書かれているのと同じことになるのです。

　「じゃあ、最初から1つのスクリプトファイルに、全部書いちゃえばいいんじゃないの?」と思うかもしれません。もちろんそうしてしまってもいいのですが、それだと一つのファイルが長くなり、見通しがわるくなります。長期的にみると、適切にファイルを分割したほうがあとあとメンテナンスしやすくなるのです。

　注意点として、以下の点があげられます。

- グローバル領域に同じ名前の「変数」「定数」は複数書けない
  （実行時にエラーになる仕様）
- でも、同じ名前の「関数」は複数書くことができてしまう

実行時にエラーにならないので気づきにくいのですが、同じ名前の関数を書いてしまうと、意図していない動きになる可能性がありますので、プロジェクト内に存在する関数は、重複しない名前にしましょう。

 ## スコープのまとめ

　グローバル変数は、プログラムのどこからでも読み書きすることができます。どこからでもアクセスできるため使いまわしがしやすいぶん、プログラムが大きくなってくると、どこからアクセスしているのかわかりにくくなりますので注意が必要です。絶対の正解はないのですが、プログラムを書く際は、以下が基本のルールになります。

> **ルール**
> ● それぞれのコードが見える範囲（＝スコープ）はなるべく小さくする
> ● ただしグローバル変数にしたほうがわかりやすいこともあるので、見極めて使い分ける

　ちょっとしたテクニックですが、「グローバルな定数・変数を作るときには名前をすべて大文字にする」といった命名ルールを決めておくと、プログラムを書いている時に「これはグローバル関数なんだな」と認識しやすくなります。
　以下図4-20に、スコープの範囲をまとめました。繰り返しになりますが、覚え方は「外は見えるけど、中は見えない」です。

図 4-20 スコープのまとめ

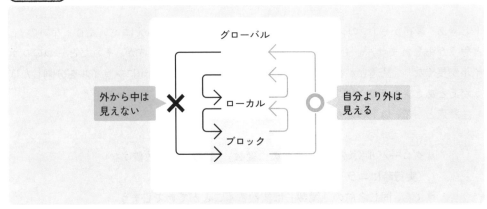

「タスク管理プログラム」を書いてみよう

処理が複雑に
なってきましたね

では、ここまで学んだことを使って、この章の課題であった「タスク管理プログラム」を作っていきましょう。

図4-21のシートでタスクを管理しているとして、「期限日」が3日以内になっているタスクが存在していたらメールを送る機能を付けたい、というのが今回の課題です（データについては、サンプルの「タスク」のシートを利用してください）。

図 4-21 タスクシート

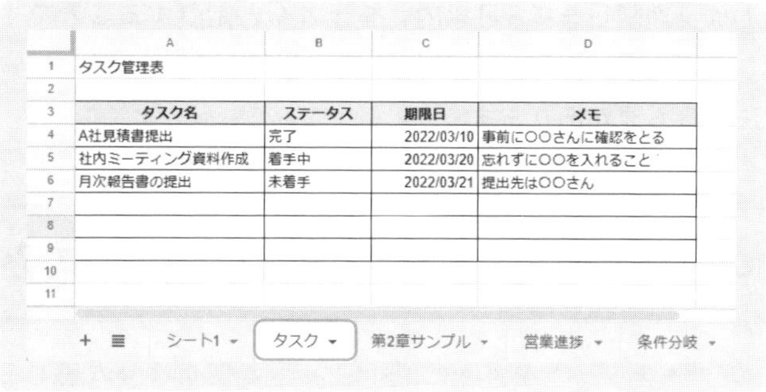

	A	B	C	D
1	タスク管理表			
2				
3	タスク名	ステータス	期限日	メモ
4	A社見積書提出	完了	2022/03/10	事前に〇〇さんに確認をとる
5	社内ミーティング資料作成	着手中	2022/03/20	忘れずに〇〇を入れること
6	月次報告書の提出	未着手	2022/03/21	提出先は〇〇さん
7				
8				
9				
10				
11				

+ ≡ シート1 ▾ タスク ▾ 第2章サンプル ▾ 営業進捗 ▾ 条件分岐 ▾

要件を定義してみよう

今回も「要件定義」、つまり「何がどうなっていたら完成なのか」を決めてみましょう。

【実行タイミング】

・1日1回、毎朝8時台にGASが起動してリストをチェック。
条件に合うものがあればメールを送る（毎日の業務開始が9時なので、
その時点でわかればいいものとする）

【プログラムに使用する、タスクのステータス】

・「未着手」「着手中」「完了」の3種類がある

【通知の条件と本文】
・期限日まで3日以内でステータスが「完了」以外だったら
　　→「期限日が近づいているタスクがあります」
・期限が今日で「完了」以外だったら
　　→「本日が期限日のタスクがあります」
・期限が過ぎていて「完了」以外だったら
　　→「期限が過ぎているタスクがあります」
・上記に該当するタスクが存在しない場合は
　　→「期限が迫っているタスクはありません」
・「期限日まで3日以内」とは?
　　→「当日、翌日、翌々日」のこと

　今回のポイントは「期限日まで3日以内」をきちんと定義することです。日常会話ではサラッと流してしまう内容だと思うのですが、プログラムにする際には厳密に「いつからいつまでか」を決める必要があります。

概念図とフローチャートで全体の流れを確認してみよう

　今回の概要図・フローチャートを書くと、図4-22、図4-23のような感じでしょうか。何度も同じことを言いますが、最初から完全なフローチャートが書けるわけではありません。その時点で思いつく限りの情報でフローチャートを作りますが、その後プログラムを書き始めてから「このチャートじゃダメだ」となることも多いのです。このチャートも何度か書き直した後の形です。

図 4-22 タスク管理プログラムの概念図

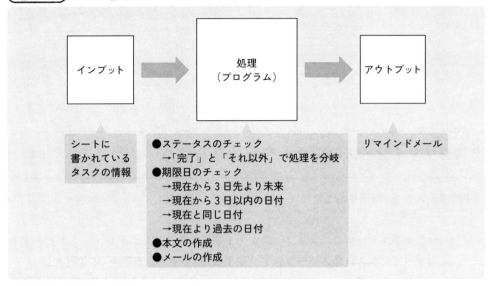

図 4-23 タスク管理プログラムのフローチャート

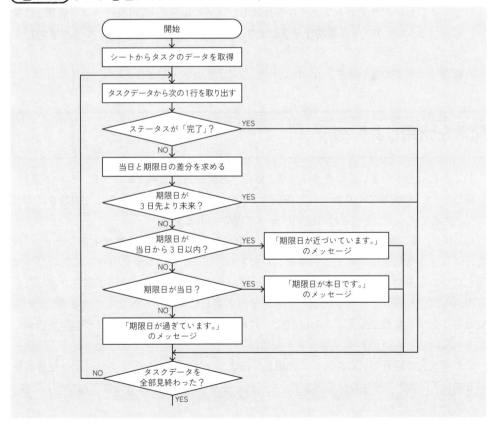

メールの本文を作成

メールの送信する

終了

タスクリマインドプログラムを書いてみよう

事前準備として、以下をおこなってください。

- サンプルデータの「タスク」のシートを自分のスプレッドシートにコピーする
- すべてのタスクのステータスを「完了以外（着手中か未着手）に変更する
- タスクの「期限日」を変更する（現在が10日だった場合、「10日（当日）」「12日（翌々日）」「13日（3日以内より先）」の期限日にしてください）
- 新しいスクリプトファイルを作成し、ファイル名を「第4章_タスク管理」にする（スクリプトに最初から書かれているmyFunction()は削除してください）

それでは準備ができたので、コードの中身に入っていきましょう！

関数を活用しよう

ここからコードを書いていきます。第2章の「日報送信」と第3章の「アンケート集計」の課題は、1つの関数でやりたいことを実現していました。しかし、この章で関数を学んだので、関数を使って、それぞれの役割に分けて書いてみます。

「function」を「関数」と訳していますが、これには「機能」という意味もあります。「機能とは何か」を厳密に定義するのは難しいですが、プログラミングにおける機能とは「実現したいことをおこなってくれるもの」だと思います。たとえば「底辺と高さを渡したら三角形の面積を返してくれる機能」「生年月日を入力したら星座を教えてくれる機能」あるいはもっと大きな塊で考えるとTwitterは「世界中の人のつぶやきが見える機能」を提供してくれているともいえます。

この考え方を自分のプログラムに適用してみましょう。これまでもプログラムを書き始める前に「日本語でやりたいことを書いていく」をやりました。たとえばこんな感じです。

```
function remindTasks() {
  // 1.シートからタスクのデータを取得
  // 2.タスクデータから次の1行を取り出す
  // 3.当日と期限日の差分を求める
  // 4.差分によってメッセージを作る
  // 5.メールの本文を作成
  // 6.メールを送信する
}
```

これはそれぞれのコメントが「実現したいこと」になってると思いませんか？　つまり、これらそれぞれが「関数（＝機能）として分けることができる処理の塊」と考えることができるのです。そして、この中の「3.当日と期限日の差分を求める」以外の部分はここまで学んだ内容で実現できてしまうのです！

　ここでは4章で初めて出てきた、「当日と期限日の差分を求める」の部分だけ、詳しくおさらいしつつ関数にしてみます。「実行する関数（remindTask）」とは別に「日付の差分を計算する関数（diffDays）」を作り、remindTask()関数からdiffDays()関数を呼び出す（使う）、という構成になります（図4-24）。diffとはdifferenceの略です。プログラムをする際、「差分」を表現する時にはdiffと略します。

図 4-24 remindTask()関数とdiffDays()関数の関係

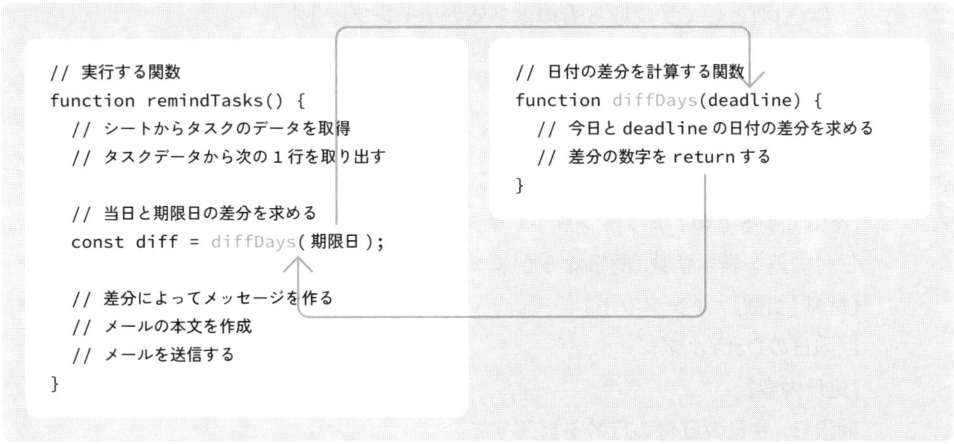

```
// 実行する関数                          // 日付の差分を計算する関数
function remindTasks() {                 function diffDays(deadline) {
  // シートからタスクのデータを取得         // 今日とdeadlineの日付の差分を求める
  // タスクデータから次の1行を取り出す       // 差分の数字をreturnする
                                         }
  // 当日と期限日の差分を求める
  const diff = diffDays(期限日);

  // 差分によってメッセージを作る
  // メールの本文を作成
  // メールを送信する
}
```

diffDays()関数を作る

この関数で実現したいこと（＝この関数にやらせたいこと）はフローチャートの「当日と期限日の差分を求める」の部分です（図4-25）。

（図4-25） フローチャート（部分図）

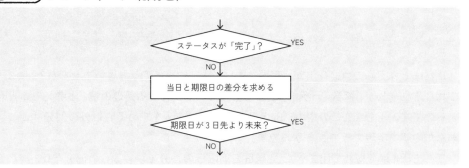

この関数を作るにあたって、

- ●この関数が処理をした結果は何なのか？
  （＝何をreturnするのか／アウトプット）
- ●上記の結果を得るために必要な材料は何か？
  （＝引数として受け取るものはあるか／インプット）
- ●関数内でどんな処理をするのか（＝材料を使ってどういう計算をするのか）

を先に考えておきます。今回の場合は下記のようになります。

【returnするもの／アウトプット】
日付の差を表す整数（同日なら0）
【材料（引数）／インプット】
期限日のDateオブジェクト
【処理内容】
期限日 - 今日の日付の日数を計算する

この作業は、これまでもやってきた「概念図」を使った考え方を、diffDays()関数という小さな単位でもやっている、ということです（図4-26）。

248

図 4-26　diffdays() の概念図

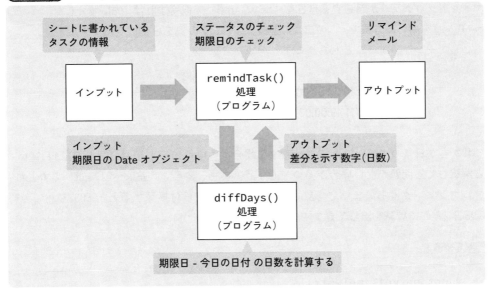

以下、diffDays()関数でやることをコメントで書いてみました。

≡ コード 4-36 ※部分

```
/**
 * Dateオブジェクトを受け取り現在とdeadLineの日付の差分（同日なら0）を返す
関数
 */
function diffDays(deadline){
    // 期限日のDateオブジェクトに0時0分0秒をセットする

    // 当日のDateオブジェクトに0時0分0秒をセットする

    // getTimeを使い、期限日と当日のミリ秒の差分を求める

    // ミリ秒を日にちに変換する

    return xxx;
}
```

これを実現するコードを実装していきます。

まず期限日のDateオブジェクトを、引数deadlineとして受け取るとします。タスクのリマインドプログラムが起動する当日を「new Date()」で取得すれば、先に紹介したgetTime()を用いた方法で、この二つの差分を求め、その差を日付に変換できます。

　ここで一つ注意することがあります。

- A:　2022/10/10 20:00:00
- B:　2022/10/11 19:00:00

　私たちが日常の中で上のA、Bを比較する場合は「10月10日と10月11日なので**1日違い**」と解釈しても問題がない場合が多いでしょう。でも、実際には差は「23時間」ですよね？プログラミングはあいまいさを許さないため、これを日付換算すると0.95833333……≒約0.96日、として計算を出してきます。実験してみましょう。

```
function getTimeTest(){
  const a = new Date("2022-10-10 20:00:00");
  const b = new Date("2022-10-11 19:00:00");
  const diff = b.getTime() - a.getTime();

  console.log(diff / (24*60*60*1000));
}
```

```
0.9583333333333334
```

　このように、小数が出てきてしまいました。しかし私たちの感覚では、「日付の差分」は「整数」として表現されるのが自然ですよね。そこで、「日付」を比較する時には「年月日はそのままに、時分秒にはあらかじめゼロを代入する」ようにすると、純粋に日付の差だけで比較することができます。

```javascript
function diffDays(deadline){
  // 期限日のDateオブジェクトに0時0分0秒をセットする
  deadline.setHours(0);
  deadline.setMinutes(0);
  deadline.setSeconds(0);

  // 当日のDateオブジェクトに0時0分0秒をセットする
  const now = new Date();
  const today = new Date(now.getFullYear(), now.getMonth(),
  now.getDate()); //これで当日0時0分0秒になる
}
```

　まず、引数として受け取ったdeadline（期限日を表すDateオブジェクト）に対して、時分秒をゼロにセットしています。

　一方下部では、newを使って現時刻を取得した後、現時刻の「年、月、日」のみを取得しています。省略された値（時、分、秒、ミリ秒）については、0がセットされるという言語仕様であることは、先にも説明しました。

　これにより、「期限日の00:00:00」と「今日の00:00:00」を比較して「日数の差分」が出せるようになります。

```javascript
//続き

  // getTimeを使いミリ秒の差分を求める
  const difference = deadline.getTime() - today.getTime();

  // ミリ秒を日にちに変換する
  const diffDays = difference / (24 * 60 * 60 * 1000);

  return diffDays;
}
```

　getTime()は結果をミリ秒で返してくるため、それを日数に変換したうえで、その結果（diffDays）をreturnしています。

　これにより、「Dateオブジェクトを渡すと、今日との日付の差を返してくれる関数」ができあがりました。

```
/**
 * Dateオブジェクトを受け取りdeadlineと現在の日付の差分 (同日なら0) を返す
 */
function diffDays(deadline){
  // 期限日のDateオブジェクトに0時0分0秒をセットする
  deadline.setHours(0);
  deadline.setMinutes(0);
  deadline.setSeconds(0);

  // 当日のDateオブジェクトに0時0分0秒をセットする
  const now = new Date();
  const today = new Date(now.getFullYear(), now.getMonth(),
now.getDate());

  // getTimeを使いミリ秒の差分を求める
  const difference = deadline.getTime() - today.getTime();

  // ミリ秒を日にちに変換する
  const diffDays = difference / (24 * 60 * 60 * 1000);

  return diffDays;
}
```

　この関数は、「タスクの期限日 - 今日」の日数の差分について、「タスクの期限日が昨日なら-1」「タスクの期限日が今日なら0」「タスクの期限日が翌日なら1」「タスクの期限日が翌々日なら2」を返します。

関数の動作確認をする

　ここで一つ問題があります。diffDays()関数を作成した時点で、正しく動くか動作確認するために、この関数を実行してもエラーになってしまいます (図4-27)。

図 4-27 Type エラー

実行ログ

10:59:05	お知らせ	実行開始
10:59:05	エラー	TypeError: Cannot read property 'setHours' of undefined
		diffDays @ 第4章_タスク管理.gs:6

このエラーメッセージの意味は、「何か」が持っている setHours プロパティを読もうとしたけど undefined（＝未定義）ですよ」という意味です。コードを見ると

≡ コード

```
deadline.setHours(0);
```

とありますので、今回の場合の「何か」は deadline のことです。つまり deadline が undefined（未定義。存在しない）というメッセージです。deadline とは何だったでしょうか？　これは、「diffDays 関数が引数として受け取る変数」でした。でも、実行時に引数が渡されておらず、deadline 自体がまだ未定義のため「実行できないよ」とエラーが出ているのです。

今回の例のように、引数を受け取る関数はそれ単体では動作確認ができないのです。ではどうしたらいいでしょうか？

解決策の一つとして、「diffDays()関数の動作を確認するために、deadline を diffDays()関数に渡す関数を作る」やり方があります。

≡ コード 4-36-2

```
function testDiffDays(){
  const deadline = new Date("2022-03-20 00:00:00");
  const diff = diffDays(deadline);
  console.log(diff);
}
```

testDiffDays()関数の中で、diffDays()関数を呼び出して結果を diff として受け取っています。diff の中身を確認することで、diffDays()関数が正しく動いているかが確認できます。

このように、引数を受け取る関数の動作確認をしたいときは、その関数の動作確認をするための関数を作るといいでしょう。

実行する関数（remindTasks）を作る

続いて、実行する関数(remindTasks)を作ります。

```
function remindTasks() {
    // 1. シートからタスクのデータを取得
    // 2. タスクデータから次の1行を取り出す
    // 3. 当日と期限日の差分を求める ( ここで diffDays を使う )
    // 4. 差分によってメッセージを作る
    // 5. メールの本文を作成
    // 6. メールを送信する
}
```

1,2についてはここまで何度もやってきた内容になりますが、今回は新しく、「タスクのリストを上から順番に見ていき、メールで通知する必要があるものがあればremindTasks配列の中に入れる」ことをしてみます。

```
function remindTasks() {
    // 1. シートからタスクのデータを取得
    const sheet = SpreadsheetApp.getActive().getSheetByName("
タスク");
    const values = sheet.getRange(4,1,sheet.getLastRow()-3,
sheet.getLastColumn()).getValues();
}
```

getRange()で、引数に4つの値を指定しています。これは、第2章で説明した以下のパターンです。

ルール

```
getRange(row, column, numRows, numColumns)
```

今回作ったコードでは、「4行目の、1列目から、sheet.getLastRow()-3行分と、sheet.getLastColumn()列分」のレンジを取得する、という意味になります。

引数の3つ目、sheet.getLastRow()-3がポイントです。使用しているシートの中で、「タスクの情報」が入っているのは4行目からのため、3行目までは不要なデータです。よって、lastRowから3を引いた数の行数を指定範囲にしています（図4-28）。

図 4-28　シートの不要なデータ部分

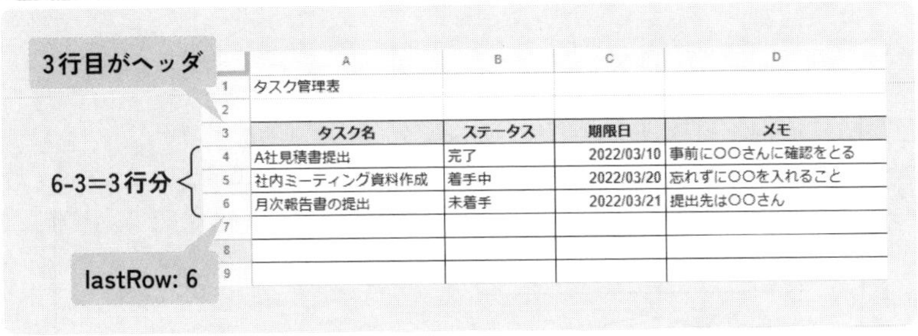

それでは続きを書いていきます。次のように書くことで、for文が終わった時点でremindTasks配列の中に「リマインドする内容」が入っているようにできます。

≡ コード 4-36 ※部分

```
function remindTasks() {
  // 1.シートからタスクのデータを取得
  const sheet = SpreadsheetApp.getActive().getSheetByName("
タスク");
  const values = sheet.getRange(4,1,sheet.getLastRow()-3,
sheet.getLastColumn()).getValues();

  // リマインドする内容を一時的に入れておくところ
  const remindTasks = [];

  // データを1行ずつ取り出していくループ
  for (const rowData of values) {
    //条件に合わせてリマインドメールの内容をremindTasks にpushする
  }
}
```

第4章　タスク管理リストでリマインドをしてほしい！

255

データを1行ずつ取り出していくループ

前項のコード最後の、for文の実装をします。このfor文でやりたいことは、図4-29にあるフローチャートにおける下記の部分です。実装したコードと合わせて説明します。

図 4-29 フローチャートの部分図

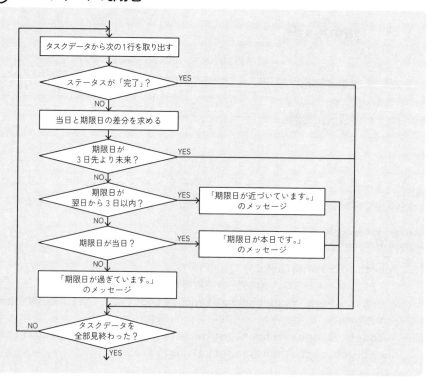

三 **コード 4-36** ※部分

```
// リマインドする内容を一時的に入れておくところ
const remindTasks = [];

// データを1行ずつ取り出していくループ
for (const rowData of values) {

  // ステータスが「完了」なら何もしない
  const status = rowData[1];
  if(status === "完了") {
    continue;
```

```
    }

    // 日付チェック（スプレッドシートから日付を取るとDateオブジェクトが取
れる）
    const deadline = rowData[2];
    const diff = diffDays(deadline);

    if(3 <= diff) {
      continue;
    } else if(0 < diff) {
      remindTasks.push(`${rowData[0]} の期限日が近づいています。`);
    } else if(diff === 0) {
      remindTasks.push(`${rowData[0]} の期限日が本日です。`);
    } else {
      remindTasks.push(`${rowData[0]} の期限日が過ぎています。`);
    }
  }
```

まず、for...of文の1行目のおさらいです。

いま values には、sheet.getRange().getValues() で取り出した、タスクの情報が二次元配列の形で入っています。そこから for...of 文を使って、ひとつの要素（つまりシートの1行分の情報が入った一次元配列）を取り出し、それを新しく作成した、rowData 配列に代入しています。このとき、rowData[0] にタスク名、rowData[1] にステータスが入っています。

ステータスが「完了」なら何もしない

≡ コード 4-36 ※部分

```
    // ステータスが「完了」なら何もしない
    const status = rowData[1];
    if(status === "完了") {
      continue;
    }
```

for 文の最初です。シート上でステータスが「完了」になっているタスクは、終了したタスクのためリマインド不要です。そのため、rowData[1] に入っている値を確認して「完了」の場合はなにもせずに、次に values 配列に入っているタスクに進むために continue をしています。

タスク管理リストでリマインドをしてほしい！

シートにある「日付」をgetValue()するとDateオブジェクトが取得される

```
━ コード 4-36 ※部分

    // 日付チェック（スプレッドシートから日付を取るとDateオブジェクトが取
    れる）
    const deadline = rowData[2];
```

rowData[2]には、日付の情報が入っています。ここで注意ポイントなのですが、rowData[2]に入っている「期限日」は"2022/03/20"といった「文字列」ではなく、「日付」としての情報を持った「Dateオブジェクト」が入っています。これは、スプレッドシートでは、日付が入ったセルの表示形式はデフォルトで「日付」になっているからです。

> ※もし表示形式を「書式なしテキスト」に変更していた場合であれば、"2022/03/20"という「文字列」として
> 取得されます

そのrowData[2]をdeadlineに代入するため、deadlineには「期限日」を表すDateオブジェクトが入ります。これを元にして「本日と期限日の差分」を求めるには、すでに作成したdiffDays関数をそのまま使います。

日付の差分によって本文を作る

diffDays関数は「引数としてdeadline（Dateオブジェクト）を渡すと、本日とdeadlineの日付の差分（整数）を返してくれる」という関数として作成しました。それを利用して、リマインド通知の本文を作成します。

```
━ コード 4-36 ※部分

    // 日付チェック（スプレッドシートから日付を取るとDateオブジェクトが取
    れる）
    const deadline = rowData[2];
    const diff = diffDays(deadline);

    if(3 <= diff) {   // (1)
      continue;
    } else if(1 <= diff) { // (2)
      remindTasks.push('${rowData[0]} の期限日が近づいています。');
    } else if(diff === 0) { // (3)
```

```
      remindTasks.push(`${rowData[0]} の期限日が本日です。`);
    } else { // (4)
      remindTasks.push(`${rowData[0]} の期限日が過ぎています。`);
    }
```

日数について少しややこしいので整理してきます。「期限日まで3日以内」とは、「当日
（差分が0）、翌日（差分が1）、翌々日（差分が2）」という定義でした。これを元に下記を確認
していきましょう。

(1)は「期限日との差分が3以上ある場合（3 <= diff）」の処理ですが、通知は必要ないの
で何もしていません。continueをして次のループに進んでいます。

(2)は「期限日との差分が1または2の場合（1 <= diffかつdiff <= 2という条件）」の処理
ですが、(1)で3 <= diffの条件があるため、(2)に来たときには必ずdiff <= 2になっていま
す（diffは整数なので、3 <= diffがfalseになるということは、diff <= 2を必ず満たしま
す）。この時は、「（○○というタスクの）期限日が近づいています」と通知されます。

処理内容として書かれている、

≡ コード

```
remindTasks.push(`${rowData[0]} の期限日がxxxx`);
```

は、「`${rowData[0]} の期限日がxxxx`」という文字列を、remindTask配列の最後に追加
していくという意味になります。

(3)(4)は、タスクの期限日当日（期限日との差分が0）の場合と、期限日を過ぎてしまっ
ている（期限日との差分がマイナス）場合です。追加する文字列は変えていますが、処理は
同じです。

一例として、for文が終わった時にremindTasks配列の中は下記のようになっています
（メッセージの内容はみなさんが設定した期限日と、実行タイミングによって変わります）。

≡ コード

```
[
  'A社見積書提出  の期限日が過ぎています。',
  '社内ミーティング資料作成  の期限日が本日です。',
  '月次報告書の提出  の期限日が近づいています。'
]
```

メールの本文を作る

通知するタスクが存在する場合は、remindTasks配列に入ってるメッセージを、改行区切りにして本文にします。

≡ コード 4-36 ※部分

```
body = remindTasks.join("\n");
```

これにより、bodyの中身が下記のようになります。

≡ コード

```
A社見積書提出　の期限日が過ぎています。
社内ミーティング資料作成　の期限日が本日です。
月次報告書の提出　の期限日が近づいています。
```

ここで、通知すべきタスクがない（期限日まで4日以上あるタスクしかない）場合は、remindTasksは[]（空っぽの配列）になります。この場合、remindTaskから受け取れるものがなくこのままではエラーになってしまうので、別途文章を作らないといけません。

図4-23のフローチャートで、「メールの本文を作成」は一つの処理で書かれていましたが、「remindTasksの中身があるのかないのか」によって処理の内容が変わることが判明しました。つまり図4-30のように、「メールの本文を作成する」中にも、さらに分岐があったということです。

図 4-30 実は本文の作成でも分岐があった

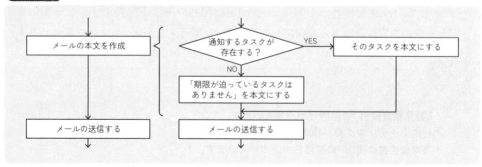

このように、プログラムを書く前にフローチャートを考えている時点では、「おおまかな流れ（抽象度が高い状態）」しかわからないことのほうが多いです。実際にコードを書いていくと、それらが具体的になっていく（＝抽象度が低くなる、解像度が高くなる）ので、その都度フローチャートを更新しながら進めていきましょう。

通知するタスクがなかった場合も含めて、コードにすると以下になります。

≡ **コード 4-36** ※部分

```javascript
// 本文を作る
let body = "";
if(remindTasks.length > 0) {
  body = remindTasks.join("\n");
} else {
  body = "期限が迫っているタスクはありません";
}
```

メールを送信する

≡ **コード 4-36** ※部分

```javascript
// 6. メールを送信する
const to = "xxxxxx@example.com";
const subject = "タスクのリマインド";
GmailApp.sendEmail(to, subject, body);
```

ここはもう、説明がなくても大丈夫でしょう。メール送信をしてremindTask()関数が終了します（リマインドを送信したいメールアドレスをtoに設定してください）。

サンプルコードを動かしてみよう

ここまでのコードをまとめると、下記のようになります。

≡ **コード 4-36** ※完成形

```javascript
/**
 * 実行する関数
 */
function remindTasks() {
```

```
  // データ部分を取得
  const sheet = SpreadsheetApp.getActive().getSheetByName("
タスク");
  const values = sheet.getRange(4,1,sheet.getLastRow()-3,
  sheet.getLastColumn()).getValues();

  // リマインドする内容を一時的に入れておくところ
  const remindTasks = [];

  // データを1行ずつ取り出していくループ
  for (const rowData of values) {

    // ステータスが「完了」なら何もしない
    const status = rowData[1];
    if(status === "完了") {
      continue;
    }

    // 日付チェック（スプレッドシートから日付を取るとDateオブジェクトが取
れる）
    const deadline = rowData[2];
    const diff = diffDays(deadline);

    if(3 <= diff) {
      continue;
    } else if(0 < diff) {
      remindTasks.push(`${rowData[0]} の期限日が近づいています。`);
    } else if(diff === 0) {
      remindTasks.push(`${rowData[0]} の期限日が本日です。`);
    } else {
      remindTasks.push(`${rowData[0]} の期限日が過ぎています。`);
    }
  }

  // 本文を作る
  let body = "";
  if(remindTasks.length > 0) {
    body = remindTasks.join("\n");
  } else {
    body = "期限が迫っているタスクはありません";
  }
```

```
  // メールを送る
  const to = "xxxxxx@example.com";
  const subject = "タスクのリマインド";
  GmailApp.sendEmail(to, subject, body);
}


/**
 * Dateオブジェクトを受け取りdeadLineと現在の日付の差分 (同日なら0) を返す
 */
function diffDays(deadLine){
  // 期限日のDateオブジェクトに0時0分0秒をセットする
  deadLine.setHours(0);
  deadLine.setMinutes(0);
  deadLine.setSeconds(0);

  // 当日のDateオブジェクトに0時0分0秒をセットする
  const now = new Date();
  const today = new Date(now.getFullYear(), now.getMonth(),
now.getDate()); //これで当日0時0分0秒になる

  // getTimeを使いミリ秒の差分を求める
  const difference = deadLine.getTime() - today.getTime();

  // ミリ秒を日にちに変換する
  const diffDays = difference / (24 * 60 * 60 * 1000);

  return diffDays;
}
```

コード内のtoに自分のメールアドレスを設定してください。その後、スプレッドシートの「タスク」シートに任意のタスクを記入してremindTask()関数を実行してみてください。toに設定したアドレスにメールが届くはずです。その際、期限日をいくつか設定してみて、正しく期限日によってメッセージが変わるかを確認しましょう。

トリガーを設定しよう

動作に問題がなければ「自動で定期実行」するためにトリガーを設定しましょう。
今回は、「午前8時台に起動する」ように設定します（図4-31、32）。「保存」を押すと図

4-33の画面に遷移し、トリガーが作成されたことがわかります。

これで「毎朝8時台にremindeTasks関数が実行される」ようになりました。

図 4-31 トリガー画面へ移行

図 4-32 トリガーの設定内容

図 4-33 トリガーの設定結果

章のまとめ

　この章のポイントは「決まった処理は関数にして、別の関数から呼び出せる」です。「どの処理を関数にするか」は、自分で決めて問題ありません。ただ、「1つの関数は1つの処理をおこなう」というルールで関数を作るとわかりやすくなると思います。

　たとえばこの章のサンプルコードはremindTasks()とdiffDays()の2つの関数があり、remindTasks()の処理のひとつに、「メールを送る」処理がある、という作りにしました。

　ここで、「メールを送る」処理を別の処理として切り出して、「bodyを渡すとメールを送ってくれるsendMail()関数」を作成することも可能です。

≡ コード

```
function remindTasksSampleAfter() {
  //(略)

  // 本文を作る
  const body = remindTasks.join("\n");

  // メールを送る
  sendMail(body);
}

function sendMail(body) {
  const to = "xxxxxxx@example.com";
  const subject = "タスクのリマインド";
  GmailApp.sendEmail(to, subject, body);
}
```

　関数に分けることでコード量は増えてしまうのですが、一つ一つの関数は「小さいコード」になります。何かエラーが起こった時に、「大きな関数がいくつか」より「小さな関数がいっぱい」で作るほうが、「問題の特定と修正をすぐにおこなえる」メリットがあります。

　今後、みなさんが自分でGASを書くにあたって「だんだんコードが大きくなってきたぞ」と感じたら、「処理の塊ごとに関数に分けてみる」ことをやってみてください。

理解度確認テスト❺
たかし君のテストを関数で

ここでもたかし君登場です！

理解度確認テスト2（第3章）とまったく同じ問題を、ここでは関数を使って書いてみましょう。

課題

たかし君は国語、算数、英語のテストを受けました。
国語は80点、算数が100点、英語は60点でした。
この学校では3教科の平均によって下記のように成績が決まっています。

- 80点以上：優
- 60点以上80点未満：良
- 40点以上60点未満：可
- 40点未満：不可

また、お母さんから「平均点が75点以上だったらお小遣いup」を約束されています。たかし君の各教科の点数に応じて、

- 成績
- お小遣いアップできるか否か

を出力するプログラムを書きなさい。ただし出力は下記のフォーマットとする。

▶ ログ

今回のたかし君の平均点は○点です。
よって成績は「○（優、良、可、不可のいずれか）」でした。
お小遣いアップ（「できました」あるいは「できませんでした」）

......という問題は同じなのですが、下記の条件に合うようにコードを書いてください。

「たかし君の成績が、オブジェクトが入った配列になっている」という前提で、次の3つの条件に合うようにコードを書いてください。

```
コード ※たかし君のテストの成績

const scores = [
  { subject: '国語', score: 80 },
  { subject: '算数', score: 100 },
  { subject: '英語', score: 60 }
];
```

〈条件その1〉：　scoresを引数として受け取り、平均点を返す関数getAverage()を作る

〈条件その2〉：　平均点を引数として受け取り、成績を判定して優, 良, 可, 不可のいずれかの文字列を返す関数judgeGrade()を作る

〈条件その3〉：　平均点を引数として受け取り、お小遣いup可能かどうかを返す関数canRaiseAllowance()を作る（allowanceはお小遣いのこと）

図4-34のように「役割によって関数を分ける」イメージで、コード4-36に書き加えることで課題をクリアしてください！

図 4-34 役割によって関数を分ける

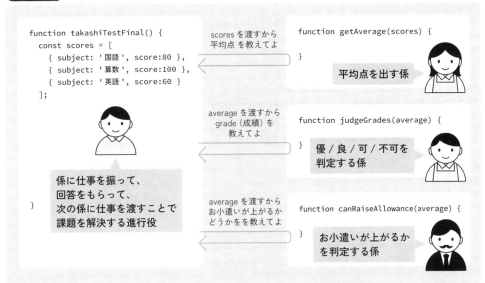

```
// 実行する関数
function takashiTestFinal() {
  const scores = [
    { subject: '国語', score:80 },
    { subject: '算数', score:100 },
    { subject: '英語', score:60 }
  ];

  // scoresを渡すと平均点を返す
  const average = getAverage(scores);

  // averageを渡すと成績(grade)を返す
  const grade = judgeGrade(average);

  // averageを渡すと上がるかどうかを返す
  const canRaise = canRaiseAllowance(average);

  // 結果を出力する

}

function getAverage(scores) {
  // scores配列の値の平均を出す(既出)
  // 平均点をreturnする
}

function judgeGrade(average) {
  // 平均点に応じて成績を決める(既出)
  // 成績をreturnする
}

function canRaiseAllowance(average) {
  // 平均点に応じて上がるかどうかを判定(既出)
  // 判定結果(true/false)をreturnする
}
```

ここも重要！

コンテナバインドスクリプトとスタンドアロンスクリプト

私はコンテナ
バインドの方を
よく使います！

　ここまでのGASは「スプレッドシートを作成して、ツール→スクリプトエディタ」から開いていました。このようにGoogleのサービス（Googleスプレッドシートや Google ドキュメントなど）に紐づくスクリプトのことを「コンテナバインドスクリプト」と呼びます。メリットとしては紐付いているサービスの参照をIDを指定しないで使うことができることや、サービスの画面（Googleスプレッドシートのメニューなど）から実行することができる、があります。

　一方で、「スクリプトファイルを単体で」作成することもできます。これを「スタンドアロンスクリプト」と呼びます。こちらはGoogleのサービスと紐付いていないので「何かのサービスの画面から実行する」ことはできません。メリットとしては「スクリプトファイルがGoogleドライブに表示される」のでファイル管理がしやすくなります（スプレッドシートを開く必要がない）。

　使い分けとしては、GASがサービスを利用するのであればコンテナバインド。そうではなくGAS単体で完結する処理であればスタンドアロン、がいいと思います。

　スタンドアロンスクリプトを作るには、GoogleDriveを開いて、「新規　→　その他　→　Google Apps Script」を選択してください。最終的に出てくる画面自体は、いつもの見慣れた画面です！（図4-35、図4-36）。

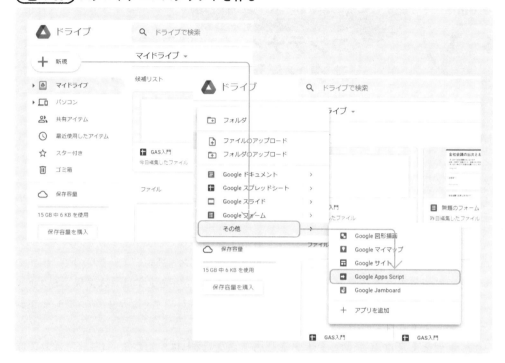

図 4-35 スタンドアロンスクリプトを作る

図 4-36 スタンドアロンスクリプトの画面

スタンドアロンスクリプトの場合、スクリプトはGoogleスプレッドシートなどの
Googleサービスと紐付いていません。ですので、onOpenやonEditなどのトリガーと一緒
に使うことはできませんので注意してください。

第5章

Gmailの添付ファイルを自動でGoogle Driveに保存したい！

この章でできるようになること

Gmailとドライブを
GASで使いこなそう

実は、ここまでの学習で、プログラミングの基本的なことは身についています。

- 定数・変数
- オブジェクト
- 配列
- 関数
- if文での条件分岐
- スコープ
- for文での繰り返し

などの要素のことです。これらを組合せて「処理」をおこなうのが、プログラムの基本なわけです。

これまではGASのプログラムから、Googleスプレッドシートや Gmail を操作することをやってきました。実は、その他のGoogleサービスをGASで操作することもできるのです。ここがとても強力で、自動化にぴったりです！

この章では Gmail と Google Drive を GAS で操作します。具体的には、「自分の Gmail を検索し、メールの添付ファイルを Google Drive に保存する」ことをやってみます。

課題：メールに添付されたPDFをGoogle Driveに保存する

営業サポート職であるハルカさんは、取引先から毎月送られてくる請求書の取りまとめもおこなっています。メールに添付されて送られてくる請求書のPDFをGoogle Driveに保存しておき、あるタイミングでまとめて内容の確認をしているようです。

添付ファイルをGoogle Driveに保存するのは、1回の作業としては数秒かもしれませんが、数が多くなると別の作業の手が止まり、面倒です。これを自動化してみましょう。

やりたいことをまとめるとこうなります。

- 自分のメールボックスにおいて、請求書が添付されているメールを検索する
- 該当するメールがあったら請求書を取り出す
- 取り出した請求書をGoogle Driveの特定のフォルダに入れる

Gmail を GAS で 操作しよう

まだまだ仕事で
メールを使いますよね

GAS で Gmail を操作する方法として、これまでは「メールを送信する」ことをやってきました。

```
GmailApp.sendEmail(to, subject, body);
```

の部分ですね。これは「GmailApp（Gmail アプリケーション）」が持っている sendEmail という関数を実行していることになります。

しかし普段の業務でメーラーとして Gmail を使うときは「送信」だけではなく、

- 受信
- 過去に受信したメールを検索
- ラベルを付ける
- 既読／未読にする......

などをおこなっています。そしてこれらの操作は GAS からでもできるのです。そのために、まずは Gmail サービスの構造について知りましょう。

Gmail サービスの構造

Gmail の内部システムでは「メール」のことを「Message」、Message のやり取り（送信されたメールと、それに対する返信）をまとめたものを「Thread」と呼んでいます（図5-1）。

図 5-1　Gmail の構造

新たに1通のメールを送信、または受信したとき、Gmailの内部システム上では、以下のような状態になります。

- ● Thread
- → やり取り（送信されたメールとそれに対する返信。返信の返信も含まれる）をまとめたものです。仮に1通しかメールがなくても、Threadが作られます

- ● Message
- → Threadの中にはメールが存在し、そのメールのことをMessageと呼びます

- ● Attachment
- → Messageに添付ファイルがついていた場合、それはAttachmentとして扱われます

Gmailを検索する際には「Threadを検索して、その中から該当のMessageを取り出す」という順番で処理をおこないます。

Gmailを検索してみよう

Gmailの画面からの検索

まずは、普段やるようにGmailの画面から検索をしてみましょう。多くの人は図5-2の枠内に、件名や本文に含まれるであろう文字列を入力して検索すると思います。

図 5-2 Gmail の検索

このとき、検索の条件をさまざまに指定できることをご存じでしょうか。

たとえば「件名に「サンプル」という文字列を含んでいて、今日から10日以内に届いたもの」を検索したい場合は、

subject:サンプル newer_than:10d

と入力することで、この条件でのメール検索が可能です。

このとき、subject: や newer_than: を「検索演算子」と呼びます。他にも、表5-1の検索が可能です。

表 5-1 Gmail の検索（一部）

やりたいこと	検索演算子	記述例
送信者を指定して検索	from:	from:太郎
受信者を指定して検索	to:	to:花子
複数の条件を 指定して検索	OR または {}	from:太郎 OR from:花子 {from:太郎 from:花子}
指定した期間に送信された メールを検索	after:	after:2004/04/16
	before:	after:04/16/2004
	older:	before:2004/04/18
	newer:	before:04/18/2004
日（d）、月（m）、年（y）で期間を 指定して、それより古いメールか 新しいメールを検索	older_than:	older_than:2m
	newer_than:	newer_than:3d

※その他、どんな検索条件が使えるのかは、以下のURLにまとめられています。ぜひ自分のGmailでいろいろな検索をおこなってみてください
https://support.google.com/mail/answer/7190?hl=ja

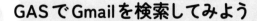
　ここでは「スタンドアロンスクリプト」でコードを書いていきましょう（わからない方は、第4章末尾を参照してください）。

図 4-35 スタンドアロンスクリプトを作る ※再掲

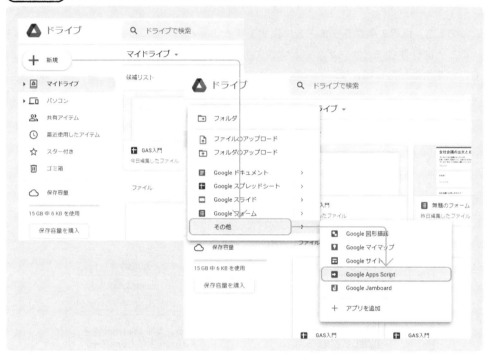

　新たにスクリプトエディタを作り、プロジェクト名を「Gmailの操作」に、スクリプトファイル名を「searchMessage.gs」にして、下記のサンプルコードを書いてみましょう。10日以内に受信された、「サンプル」と件名のついたメールを検索し、本文内容を確認するコードです。

コード 5-1

```
function searchMessage() {
  const query = 'subject: サンプル newer_than:10d';
  const threads = GmailApp.search(query);
  const messages = GmailApp.getMessagesForThreads(threads);
```

```
    for (let i = 0; i < messages.length; i++) {
      for (let j = 0; j < messages[i].length; j++) {
        console.log('----------');
        console.log(`件名: ${messages[i][j].getSubject()}`);
        console.log(`From: ${messages[i][j].getFrom()}`);
        console.log(`本文: ${messages[i][j].getPlainBody()}`);
      }
    }
  }
```

　実行する前に、件名に「サンプル」と入ったメールを受信しておいてください（自分で自分のGmailアドレスにメール送信してもOKです）。

　2通のサンプルメールを受信している状態で実行すると、次のログ出力結果になりました。

▶ ログ

```
----------
件名: サンプルメール　その2
From: xxxx <xxxx@example.com>
本文: 2通目のサンプルメールです。
----------
件名: サンプルメール　その1
From: xxxx <xxxx@example.com>
本文: 1通目のサンプルメールです。
```

コードの解説

　まず前提として、図5-3のメールのやりとりがあったとしましょう。図の()内の順番でメールが送信されています。

図 5-3 メールを受信した順番

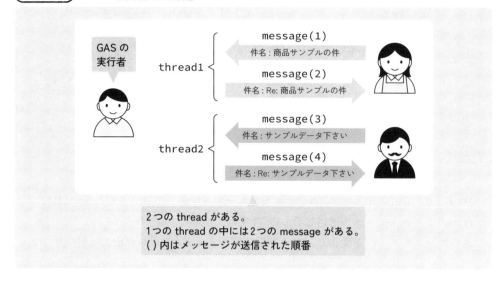

GAS の
実行者

thread1

message(1)
件名：商品サンプルの件

message(2)
件名：Re: 商品サンプルの件

thread2

message(3)
件名：サンプルデータ下さい

message(4)
件名：Re: サンプルデータ下さい

2つの thread がある。
1つの thread の中には2つの message がある。
( )内はメッセージが送信された順番

≡ コード 5-1 ※部分

```
const query    = 'subject: サンプル newer_than:10d';
```

まず、コードの最初の一文を見ていきます。Gmailを検索する際には、まずqueryに「検索条件を指定する文字列」を代入します。今回は件名に「サンプル」を含み、かつ、10日以内に受信されたもの、という条件になります。

次の一文に移ります。

≡ コード 5-1 ※部分

```
const threads  = GmailApp.search(query);
```

GmailApp.search()はGASがあらかじめ用意しているメソッドで、以下の機能を持っています。

- 引数として検索条件（query）を渡すと、その検索条件で自分のメールボックス内を検索する
- 検索結果をthreadの配列として返す

今回のコードではその結果を、threadsに代入しています。これを疑似コードで表現すると下記のようになります。

```
threads = [
  thread2,
  thread1
];
```

しかし、この時点では「thread1,2のそれぞれの中にあるmessage」は見えません。ですが図5-3のとおり、実際は1つのthreadの中に2つずつのmessageが入っています。今回は、そのmessageの本文を取り出したいのです。

そこで条件別に、このthreadからmessageを取り出す方法を2つ紹介します。

thread内のすべてのmessageを取り出したい時

すべてのmessageを取り出したい場合は、threadの配列を渡すと、それらのthreadに含まれるすべてのmessageを二次元配列で返してくれるgetMessagesForThreads()というメソッドを使います（図5-4）。

```
const messages = GmailApp.getMessagesForThreads(threads);
```

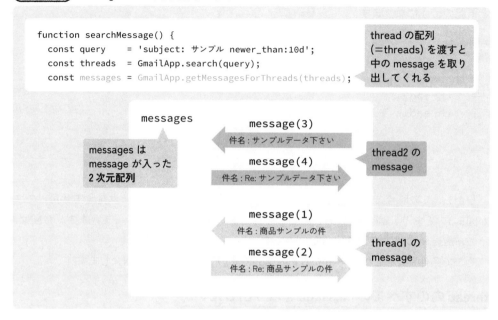

図 5-4　messages が二次元配列になる

```
function searchMessage() {
  const query    = 'subject: サンプル newer_than:10d';
  const threads  = GmailApp.search(query);
  const messages = GmailApp.getMessagesForThreads(threads);
```

thread の配列
(=threads) を渡すと
中の message を取り
出してくれる

messages

messages は
message が入った
2 次元配列

message(3)
件名：サンプルデータ下さい

message(4)
件名：Re: サンプルデータ下さい

thread2 の
message

message(1)
件名：商品サンプルの件

message(2)
件名：Re: 商品サンプルの件

thread1 の
message

コードを実行すると、配列 messages は message が入った二次元配列になっています。

≡ コード

```
//まちがった理解
messages = [message4, message3, message2, message1]

//正しい理解
messages = [
  [message3, message4], // thread2に含まれているmessage
  [message1, message2]  // thread1に含まれているmessage
]
```

注意点は、次の4つです。順番に見ていきましょう。

- messages は、message の一次配列ではない
- messages 配列の中身は、thread ができた日時が「新しい順」に並ぶ
- messages の各要素は、message の配列。送信された日時が「古い順」に並んでいる

●1つのmessageしかなくてもmessagesは二次元配列になる

まず誤解しがちですが、messagesは「すべてのmessageが入った一次配列」なのではなく二次元配列です（私も最初はまちがえており、うまくいきませんでした）。

そして、messages配列の中身は、threadができた日時が「新しい順」にならびます。図5-3において、message1が送信されたときに生成されるthread1よりも、message3が送信されたときに生成されるthread2のほうが新しいthreadになるため、thread2 → thread1の順番で並んでいます。

一方、thread2の中は[message3, message4]が入っていますが、ここでは「送信日時が古い順」に並んでいます。たとえば図5-4のmessage(1)を取り出したいときはmessages[1][0]と記述します。

また、一通のメールを送受信したとき、そのメールに返信がまだなくても、messages配列は二次元配列として作成されます。そしてその中に、1つのmessageだけがある状態になります。

≡ コード

```
messages = [
  [message1]
]
```

この場合は、messages[0][0]でmessage1が取り出せます。

thread内の1通目のmessageを取り出したい時

今回の課題である「請求書」のケースを考えてみましょう。今回は、条件をシンプルにするために「請求書をなにかのメールの返信でついでに送ることはない」という前提で、ハルカさんからみれば「はじめて受信するメール（スレッドの1つ目のメッセージ）」に請求書が添付されているとします。つまり、threadの中の最初（[0]）がほしいmessageで、そのmessageに対して自分が返信したものは必要ない、という条件としましょう。

こういうときは「threadに対してgetMessages()メソッドを実行するとそのthreadが持つmessageの配列が返ってくる」ことを利用して、下記のように書けます。

≡ コード 5-2

```
function searchMessage2() {
  const query    = 'subject: サンプル newer_than:10d';
```

```
    const threads  = GmailApp.search(query);

    for (const thread of threads){
      const firstMessage = thread.getMessages()[0];
      console.log(`件名: ${firstMessage.getSubject()}`);
    }
  }
```

GmailApp.search(query) でメールボックスを検索し、該当する thread を取得し、threads に代入するところまでは先ほどと同じです。今回は、threads に入っている thread に対し getMessages() を実行したいため、for 文を使って各 thread を取り出しています。

≡ コード 5-2 ※部分

```
  thread.getMessages()
```

これで、thread に入っている message を取り出しています。その処理の結果戻ってくるのは、「message が入った配列」です。ポイントは、次の一行です。

≡ コード 5-2 ※部分

```
  const firstMessage = thread.getMessages()[0];
```

戻ってきているのが「message が入った配列」のため、配列の [0] を指定することで「その配列の最初の要素 ＝ 1つ目の message」を取得することができます。
ちなみにこのとき、この1行は

≡ コード 5-2 ※部分

```
  const messages = thread.getMessages();
  const firstMessage = messages[0];
```

のように2行に分けて書いても同じ意味です。
これで、今回ほしい message が取れるようになりました。ここでの「ほしい message」とは 'subject: サンプル newer_than:10d' の条件で検索された thread の中の、それぞれの最初の

messageになります。

その他、threadに対しては下記のようなメソッドが用意されています。

表5-2 threadに対するメソッド（一部）

メソッド	意味
getLabels()	ラベルを取得する
getMessageCount()	そのスレッドに含まれるmessageの数を取得する
markRead()	スレッドを既読にする
markUnread()	スレッドを未読にする

※一覧は下記にありますので、必要に応じて使えるようにしましょう
https://developers.google.com/apps-script/reference/gmail/gmail-thread

messageの情報を取得する

各messageは件名、本文、Toアドレス、Fromアドレス、添付ファイルなどの情報を、それぞれが区別された形で持っています。そして、これらの情報を取得するためのメソッドが用意されています。

表5-3 messageに対するメソッド（一部）

メソッド	意味
getSubject()	件名を取得する
getTo()	宛先を取得する。複数ある場合はカンマ区切りになる
getFrom()	Fromアドレスを取得する
getAttachments()	添付ファイルを取得する
getBody()	本文をHTML形式で取得する
getPlainBody()	本文をHTML形式ではなく取得する

※その他、messageに対してのメソッドは下記に書かれています
https://developers.google.com/apps-script/reference/gmail/gmail-message

getBody()とgetPlainBody()の違いには注意してください。メールがHTML形式だった場合、getBody()を使うとHTML文書のソースコードが取得できます。私の経験ではメールのHTMLを扱うことはなく、メールのテキスト情報だけを取得することがほとんどですので、基本はgetPlainBody()を使いましょう。

次に、今回の課題ではメールに添付されている「請求書」を取り出したいため、添付ファ

イル」の扱いを詳しく見てみましょう。

添付ファイルを取得する

Gmailの構造を復習すると、添付ファイル（attachment）はmessageに紐付いていました。

図5-1 Gmailの構造 ※再掲

青枠が1つのthread
その中に2つのmessageがある例

そこで、事前準備として添付ファイルが1つ付いたメールと、添付ファイルが2つ付いたメールを受信している状態にしてください（どちらも件名に「サンプル」という文字列を入れてください）。そのうえで、次のコードを実行してみます。

コード 5-3

```
function searchMessage3() {
  const query    = 'subject: サンプル newer_than:10d';

  // 検索条件にマッチするthreadの配列が取得できる
  const threads  = GmailApp.search(query);
  // threadの配列から一つずつ取り出す
  for (const thread of threads){
    // 最初のmessageを取得する
    const firstMessage = thread.getMessages()[0];
    console.log(`件名: ${firstMessage.getSubject()}`);
    // 添付ファイルの配列が取得できる
    const attachments = firstMessage.getAttachments();
    console.log(`添付ファイルの数: ${attachments.length}`);
    // 添付ファイルの配列を一つずつ取り出す
    for (const attachment of attachments) {
      console.log(`添付ファイル名: ${attachment.getName()}`);
```

```
        }
      }
    }
```

▶ ログ

件名： サンプルメール。添付ファイル2つ
添付ファイルの数： 2
添付ファイル名： 添付ファイル1.txt
添付ファイル名： 添付ファイル2.txt
件名： サンプルメール。添付ファイル1つ
添付ファイルの数： 1
添付ファイル名： 添付ファイル1.txt

メールの件名、添付ファイルの数、添付ファイル名をログに出力しています。

messageに対してgetAttachments()を実行すると、そのmessageの添付ファイルが配列で取得できます。その配列に対して.lengthをおこなうことで、添付ファイルの数がわかります。

添付ファイルに対しては、下記のようなメソッドが用意されています。

表5-4 attachmentに対するメソッド（一部）

メソッド	意味
getName()	名前を取得する
getSize()	サイズ（byte）を取得する
getDataAsString()	添付ファイルを文字列をして取得する（添付ファイルが.txtや.csvなどのテキストファイルのときに使う）。文字コードはutf-8として処理される
getDataAsString(charset)	文字コードを指定して、添付ファイルを文字列として取得する。たとえばS-JISの場合はgetDataAsString("sjis")と指定する

※その他、添付ファイル（attachment）に関するメソッドは下記に書かれています
https://developers.google.com/apps-script/reference/gmail/gmail-attachment

コードについて、その他の基本的な構造は、コード5-2と同じです。console.log以下、

● テンプレートリテラルで文字列を組み立てる

● 配列の要素数を取得するための.length

● 繰り返し処理のためのfor文

など、これまでに学んだことが組み合わさってコードが作られていることがわかるでしょうか？ もしわからない部分があれば、これまでの章もあらためて読んでみてください。
ここまでで、以下のことがわかるようになったかと思います。

- Gmailのthreadを検索する
- threadの中には単数または複数のmessageが存在する
- threadにある最初のmessageが、そのthread内の1通目のmessage
- messageから件名や本文、attachmentが取得できる
- attachmentからファイル名などが取得できる

配列のわかりやすい名づけのための一工夫

≡ コード

```
const threads  = GmailApp.search(query);

const attachments = firstMessage.getAttachments();

const member  = "ハルカ";
const members = ["ハルカ", "ユウタ"];
```

これまでに載せていたコードにおいて、上のthreads、attachmentsのように、自分で指定した名前に「複数形のs」を付けているものがあることに気が付いたでしょうか？ これは、GmailApp.search(query)ではthreadの「配列」が取得され、同様にfirstMessage.getAttachments()ではattachmentの「配列」が取得できるからです。配列の中には複数の要素がある可能性があるため、sを付けるようにしています。これは、「わかりやすくするための工夫」になります。

私は配列に限らずこのように、「何か一つのもの（つまり定数や変数）は単数形」で表現し、「複数のものが入る可能性があるもの（配列）は複数形」で表現するようにしています。可能性としては、配列の中に「要素がない場合」「1つしか要素が入っていない場合」もあるのですが、自分で作成する際に、「1つの要素（もしくは空）のために配列を作る」ことは基本的にないからです。

Google Drive を
GAS で操作しよう

フォルダとファイルを
GASで扱います

Gmail に続いて、Google Drive についても見ていきましょう。この本の読者は Google Drive にファイルを保存している人がほとんどだと思います。普段、画面上から Google Drive に対しておこなっている操作は Gmail と同じく、GAS でも実現できます。

Google Drive では、概念として「フォルダ」と「ファイル」が存在し、「1つのフォルダの中には、複数のフォルダ、複数のファイルが存在する事ができる」ことはご存知と思います。これを図示化したのが図5-5です。このイメージを頭に入れつつ、まずは「GAS を使ってフォルダとファイルを作成する」をやってみましょう。

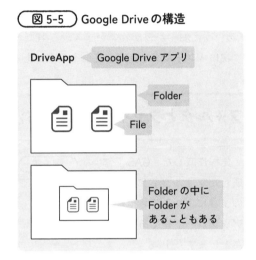

図 5-5　Google Drive の構造

DriveApp　Google Drive アプリ

Folder

File

Folder の中に
Folder が
あることもある

フォルダとファイルを作成する

ここでも新しく「スタンドアロンスクリプト」を作成し、プロジェクト名を「Google Drive の操作」に、スクリプトファイル名を「GoogleDrive.gs」にして、下記のサンプルコードを書いてみましょう。

≡ コード 5-4

```
function createFolderAndFile(){
  DriveApp.createFolder("GASで作成したフォルダ");
  DriveApp.createFile("GASで作成したファイル.txt","あいうえお");
}
```

```
DriveApp.createFolder(フォルダ名)
DriveApp.createFile(ファイル名,中の文章)
```

これで、「マイドライブ」の中に、指定した名前のフォルダとテキストファイルが作成できます。createFile()は、2つ目の引数がテキストファイルの中に書かれる文字列になります。このコードの場合、「GASで作成したファイル.txt」というテキストファイルを開くと「あいうえお」が書かれています。これだけでフォルダ、ファイルの作成が可能です。

次に「フォルダを指定して、その中にあるファイル名を取得する」をやってみましょう。

フォルダとファイルの操作方法

先程作成した「GASで作成したフォルダ」に、下記のように3つのファイルをアップロードしてある状態だとします（図5-6）。

図 5-6 フォルダIDの場所

このとき、URL https://drive.google.com/drive/folders/xxxxxxxx の xxxxxxxx の部分は、Googleが割り振った「フォルダID」になっています。この後のコードで使用するため、確認しておいてください。

先ほどのcreateFolderAndFile()の下に下記を書いて実行してみましょう。指定したフォルダ内のファイル名が出力されていることがわかります。

```
function getFileName() {
  // 指定フォルダ内のファイルを全部取得する
  const folder = DriveApp.getFolderById('xxxxxxxxxx');
```

```
    const files  = folder.getFiles();

    while (files.hasNext()) {
      const file = files.next();
      const filename = file.getName();
      console.log(filename);
    }
  }
```

▶ ログ

```
テスト用ファイルC.txt
テスト用ファイルB.txt
テスト用ファイルA.txt
```

次のコードで、フォルダID(xxxxxxxxxx)に指定したフォルダを取得しています。

≡ コード

```
  const folder = DriveApp.getFolderById('xxxxxxxxxx');
```

この他、フォルダに対する主なメソッドとしては、表5-5があげられます。

表5-5 フォルダに対するメソッド（一部）

メソッド	意味
createFile(name, content)	フォルダ内にテキストファイルを作成する
createFile(blob)	フォルダ内にファイル（※）を作成する
createFolder(name)	フォルダ内にフォルダを作成する
getFiles()	フォルダ内のファイルイテレーターを取得する
getFolders()	フォルダ内にあるフォルダイテレーターを取得する
getName()	フォルダ名を取得する
getUrl()	フォルダのURLを取得する
setName(name)	フォルダ名を変更する

※一覧は、下記のURLで確認できます。また、blobについては後述します
https://developers.google.com/apps-script/reference/drive/folder

ファイル操作には「イテレーター」の理解が必須

GASでフォルダを扱う際には、「イテレーター」という概念の理解が必要です。

私の経験ではGASでイテレーターが出てくるのはGoogle Driveのフォルダとファイルを扱うときだけです。新しい概念ですが、詳しく説明しますので覚えていきましょう！

```
const files = DriveApp.getFolderById('xxxxxxxxxx').getFiles();
```

上のコードについて、フォルダに対して.getFiles()をおこなうことで取得できるのはなんだと思いますか？　これまでの感覚だと「フォルダの中にあるファイルが入った配列」だと思うかもしれません。しかし実際に取得されるのは、「フォルダの中のファイルが入った、FileIterator（ファイルイテレーター）」と呼ばれるオブジェクトです（「オブジェクト」については、第4章で説明しています）。

イテレーターは、以下の特徴を持ちます。

- 配列のように、複数のオブジェクトを持つことができる
- 繰り返し処理（順番に値を返すなど）をおこなうメソッドを持っている

どういうことか、細かく見ていきましょう。

1回目の処理を始める

ファイルイテレーターは、「ファイルが1列に並んでる塊と、今どこを見てるのかをあらわす矢印がある」というイメージだと理解しやすいです（図5-7）。

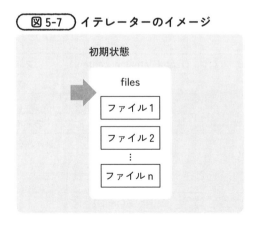

図 5-7 　イテレーターのイメージ

そして以下の2つのメソッドで、要素を操作していきます。

290

- hasNext()
  - → 「矢印を一つ下に移動した時に要素があるか?」を判定する。一つ下に要素があればtrueを返し、要素がなければfalseを返す
- next()
  - → 一つ下にあった要素を取り出し、矢印を一つ先に進める

ファイルイテレーターであるfilesに、ファイルが3つ入っているとき、初期状態では矢印は「最初のファイルの手前」を指しています。この状態から下記のコードが始まります。

≡ コード 5-5 ※部分

```
while (files.hasNext()) {
  const file = files.next();
  const filename = file.getName();
  console.log(filename);
}
```

whileは第3章で説明していますが、ここでも補足しておきます。繰り返し処理、つまり「ある条件を満たす間は繰り返しを続ける」という処理のうち、whileは「何回繰り返せばいいのかがわからない時」(つまり、ループを終了する条件が、コードを書く時点ではわからない時)に使います。

今回の例だと、フォルダの中に何個ファイルが存在するのかは、filesからはわかりませんよね。そのため、ifではなくwhileを使う必要があるのです。

while文は、以下のルールになっていました。

ルール

- whileの後ろの(　)の中に条件式を書く。条件式がtrueである限り繰り返しが続く

つまり今回の例では「files.hasNext()がtrueなら繰り返しを続け、falseになったら繰り返しを終了する」ということです。以上をふまえて、処理の流れを見ていきましょう。

図5-7の初期状態からfiles.hasNext()を実行すると「次のファイル(=ファイル1)が存在する」ため、files.hasNext()の結果がtrueになります。よって、while文の中のfiles.next()が実行され、「次のファイル(=ファイル1)」が取り出されます。この時、files.next()をおこなうと、図のように矢印が一つ進んでいきます(図5-8)。

291

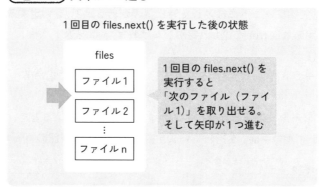

図 5-8 矢印が1つ進む

1回目の files.next() を実行した後の状態

files

ファイル 1

ファイル 2

⋮

ファイル n

1回目の files.next() を実行すると「次のファイル（ファイル1）」を取り出せる。そして矢印が1つ進む

ファイル名を取得する

≡ コード 5-5 ※部分

```
const filename = file.getName();
console.log(filename);
```

上のコードは、「ファイル名を取得し、ログに出力」をおこなっています。

ファイルに対して getName() で、ファイル名が取得できます。

ここで、ファイルに対しておこなえる操作をいくつかまとめておきます。

表 5-6 ファイルに対するメソッド（一部）

メソッド	意味
getDownloadUrl()	ファイルをダウンロードするためのURLを取得する
getId()	ファイルのIDを取得する
getLastUpdated()	ファイルの最終更新日を取得する
getOwner()	ファイルのオーナーを取得する
makeCopy()	ファイルのコピーを作成する
moveTo(destination)	ファイルの移動ができる。destinationには移動先のfolderを指定する
setName(name)	ファイル名を設定する

※他にどんなことができるのかは、次のURLにまとまっています
https://developers.google.com/apps-script/reference/drive/file

2回目、3回目と処理を繰り返す

　　whileの1回目の処理がおわると、再度条件式である files.hasNext() が実行されます。「次

のファイル（ファイル2）が存在するのでtrueになり、2回目、n回目、とループしていきます（図5-9、図5-10）。

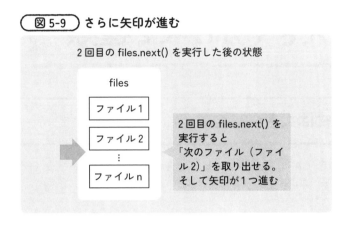

図 5-9　さらに矢印が進む

2回目の files.next() を実行した後の状態

files

ファイル1

ファイル2
⋮
ファイル n

2回目の files.next() を実行すると「次のファイル（ファイル2）」を取り出せる。そして矢印が1つ進む

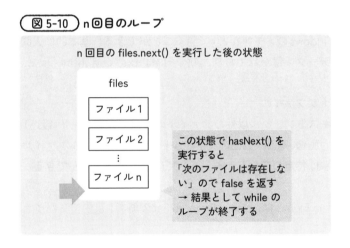

図 5-10　n回目のループ

n 回目の files.next() を実行した後の状態

files

ファイル1

ファイル2
⋮
ファイル n

この状態で hasNext() を実行すると「次のファイルは存在しない」ので false を返す → 結果として while のループが終了する

filesの最後のファイルを取り出した後は、矢印がファイルの最後に移動します。この状態でhasNext()を実行すると、「次のファイルは存在しない」のでfalseを返し、結果としてwhile文が終了します。

このように、イテレーターはフォルダ／ファイルにおいて「処理を繰り返す」ときに使われます。イメージはつかめたでしょうか？

......ところで先ほどから「ファイル」「ファイル」といっていますが、一口に「ファイル」といっても、実際には「テキストファイル」「Google ドキュメントファイル」「Google スプレッドシートファイル」「pdf ファイル」など、さまざまな種類のファイルを日々扱っているはずです。次は「プログラムにおいてはこれらをどう扱うか」を見ていきましょう。

コンピュータで扱うデータは大きく分けて2種類

違いをしっかり
理解しましょう

ファイル形式は大きく2種類

まず前提として、GASに限らずコンピュータで扱えるデータは大きく分けると次の2種類だけになります。「テキストファイル」と「バイナリファイル」です。

● テキストファイル
→ 文字データのこと。文字コード（後述）と対応関係があり、テキストエディタ（Windowsのメモ帳など）で開くことができる。基本的に人間が見てわかる文字データで書かれており、拡張子には .txt, .csv, .html, .js ……などがある

● バイナリファイル
→ テキストファイル以外のファイルのこと。文字コード（後述）と対応関係がない。画像、音声、動画のファイルや、PDF、エクセルファイルなどがある。これらは特定のアプリケーションで開いて扱うことができる

表5-5で出てきたBlobとは、binary large objectの略で、後者の「バイナリファイル」全般のことを指します。

この2種類のファイル形式をどう扱うかは、プログラミング言語によって異なります。

たとえばJavaScriptでは、テキストファイルとバイナリファイルを、別のものととらえます。そのため、扱い方も異なってきます。一方GASでは同じものとして扱うことができるため、仕様が異なる点には注意してください。検索して出てきたJavaScriptのコードを使おうとしても、このファイルの扱い方の違いによってエラーが起きる場合があります。

それでは、それぞれのファイルを操作してみましょう。

バイナリファイルを操作しよう

　今回の章の課題では「請求書のPDFファイルをGoogle Driveのフォルダに保存する」ことをやります。それにあわせ、ここではPDFファイルを操作してみます。手元のPCにあるPDFを、Google Driveのフォルダの中に置いておいてください（どのフォルダでもけっこうです）。もしPDFファイルがなければ.mp3や.jpegなどでも問題ありません。

　それでは、このpdfファイルが置いてあるフォルダとは別のフォルダXに、ファイルを「移動（≠コピー）」させてみます。

ファイルIDを取得する

　フォルダにおける「フォルダID」と同様、ファイルにも、それぞれのIDが割り振られています。コードを書くために必要なため、ファイルIDの確認の仕方を説明します。Google Driveでファイルを右クリックして「リンクを取得」URLを取得してください。すると、下記のようなURLがコピーできます。これのaaaaの部分がそのファイルのIDです。

https://drive.google.com/file/d/**aaaa**/view?usp＝sharing

　以下のコードでは、ファイルIDをaaaa、フォルダXのIDをxxxxと仮定してコードを書いていきます。自分がpdfファイルを置いたフォルダのIDも、チェックしておいてください。

ファイル移動をするコード

三 コード 5-6

```
function moveFile(){
  const file = DriveApp.getFileById("aaaa");
  const toFolder = DriveApp.getFolderById("xxxx");
  file.moveTo(toFolder);
}
```

　上のように書くことで、指定ファイルがフォルダXに移動されます。

　まず、ファイルIDを指定して、ファイルを取得し、fileに代入しています。

```
const file = DriveApp.getFileById("aaaa");
```

　続く1行はこの章ですでに学んだ、フォルダIDを指定し、フォルダを取得するコードです。そして最後の行は、「file に対してmoveTo を実行するよ。そのときの移動先のフォルダは toFolder ですよ」という意味です。moveTo メソッドについては、「表5-6　ファイルに対するメソッド」にも掲載しておきました。

```
const toFolder = DriveApp.getFolderById("xxxx");
file.moveTo(toFolder);
```

　今回はバイナリファイルに対して「ファイルのフォルダ移動」をおこないました。上述のテキストファイルに対しても同じやり方でフォルダ移動をすることができます。では、テキストファイルとバイナリファイルの違い、テキストファイルにはできて、バイナリファイルにはできないことはなんでしょうか？　それを確認するために、次はテキストファイルを操作してみましょう。

テキストファイルを操作しよう

　sample.txt というテキストファイルを作成し、文字コードにデフォルトのUTF-8を指定して、以下など適当に何か文字を入れて保存してください。

```
このテキストは
sample.txtの中身です。
文字コードはUTF-8です。
```

　「文字コード」とは、その名前のとおり、「文字をコードとして表すために作られた符号」のことです。それぞれの言語ごとに、世界には文字コードが何種類も存在し、日本語だけを見ても複数あります。日本語の文字コードとしてよく使われるのはShift-JISあるいは

UTF-8です。文字コードの調べ方、変え方は使用しているテキストエディタによっても変わりますが、Windowsの「メモ帳」であれば、図5-11の部分でわかります。

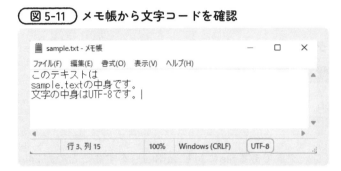

図 5-11 メモ帳から文字コードを確認

このテキストファイルをGoogle Driveのフォルダに保存しておきます。下記のサンプルコードを実行してみましょう（ファイルIDがaaaaだったと仮定してコードを書いています）。

三 コード 5-7

```
function readTextFile1(){
  const file = DriveApp.getFileById("aaaa");
  const blob = file.getBlob();
  const string = blob.getDataAsString("utf8");
  console.log(string);
}
```

▶ ログ

```
このテキストは
sample.txtの中身です。
文字コードはUTF-8です。
```

それではコードを見ていきましょう。

Fileオブジェクトを取得する

三 コード 5-7 ※部分

```
const file = DriveApp.getFileById("aaaa");
```

DriveApp.getFileById(fileId) で file を取得するのですが、この命令は、指定したファイルを「File オブジェクト」として取得するところがポイントです。File オブジェクトである file の中には、「ファイルの名前」「ファイルの作成日時」「ID」「最終更新日時」など、さまざまな情報が格納されています。

File オブジェクトを Blob オブジェクトに変換する

≡ コード 5-7 ※部分

```
const blob    = file.getBlob();
```

次に、File オブジェクトである file に対し getBlob() をすることで、「File オブジェクトを Blob オブジェクトとして」取得しています。なぜこんなことをするのでしょうか？

今回は sample.txt に書かれている文字列を取得したいのですが、File オブジェクトには「File の中身を文字列として取得する」ためのメソッドが存在しません。一方で、Blob オブジェクトには getDataAsString() というメソッドが用意されています。

そのため、file.getBlob() をすることで File オブジェクトを Blob オブジェクトとして取得し、Blob オブジェクトに対して getDataAsString() を実行することで、sample.txt の中身を文字列として取得しているのです（図5-12）。

図 5-12 File オブジェクトを Blob オブジェクトに変換

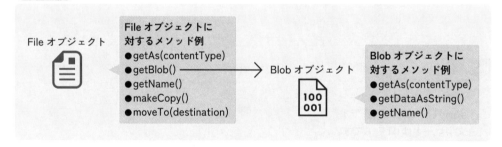

文字コードのまちがいに注意する

≡ コード 5-7 ※部分

```
const string = blob.getDataAsString("utf8");
```

blob.getDataAsString() を使い、文字コードに utf8 を指定しています。もし文字コードの

指定をまちがい、たとえばShift-JIS（sjis）と入れてしまった場合は、ログ出力結果が「文字化け」します（図5-13）。これが起こったら、文字コードの設定を確認するといいでしょう。

図 5-13 文字化けした出力

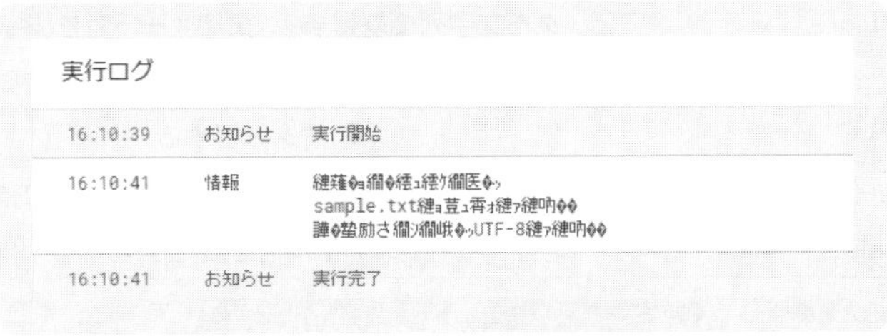

また、blob.getDataAsString()の()内に何も指定しない場合には、「デフォルトでutf-8として解釈される」という仕様になっています。utf-8の場合は指定なしでも問題ありません。

以上で、テキストファイルの中身がstringに代入されました。これで、「特定の文字列が含まれているかどうか」などで処理ができますね。

テキストファイルとバイナリファイルの違いまとめ

GASでファイルを扱う時におけるテキストファイルとバイナリファイルの使い分けは、「中を開いてGASで操作するかどうか」だと思います。ファイルをFileオブジェクトとして扱う（つまり、中を開いたりせず、ファイル名の変更やフォルダの移動やコピーをおこなう）のであれば、Fileオブジェクトに対するメソッドを使って操作できます。

一方で、テキストファイルの場合はFileオブジェクトとして扱うことに加えて「テキストファイルの中身に対して読み書きする」こともあります。その場合はFileオブジェクトをBlobオブジェクトに変換し、Blobオブジェクトに対するメソッドを使って操作できるのです。

その他のBlobオブジェクトのメソッド

Blobオブジェクトを文字列として取得するときはgetDataAsString()を使いました（stringは文字列という意味です）。文字列以外の形で取得する場合は、getAs(contentType)を使い、contentTypeに指定したい型を記述します。ただし、現時点で指定できるのは"application/pdf", "image/bmp", "image/gif", "image/jpeg", "image/png"のいずれかです。

Blobオブジェクトが持っている主なメソッドは、表5-7のとおりです。

表 5-7 Blobオブジェクトのメソッドの例

メソッド	意味
getAs(contentType)	contentTypeに指定した型でデータを取得する
getContentType()	コンテンツタイプを取得する
getDataAsString()	データを文字列で取得する（文字コードはUTF-8になる）
getDataAsString(charset)	文字コードを設定して文字列で取得する
getName()	名前を取得する
isGoogleType()	Googleサービスかどうかをtrue, false で取得する
setName(name)	ファイル名を設定する

※ほかには、以下のURLを参照してください
https://developers.google.com/apps-script/reference/base/blob

Blobオブジェクトにできるのは Blob Source のみ

さきほど、Fileオブジェクトである file に getBlob()をすると、FileオブジェクトをBlobオブジェクトとして取得できる、とお伝えしました。つまりこれは、Fileオブジェクトに getBlob()というメソッドが用意されているため、Blobを取得できるということです。このように getBlob が用意されているもののことをBlobsourceと呼びます。getBlob が用意されていないものは、Blobオブジェクトに変換することはできません（表5-8）。

表 5-8 主な Blob Source

Document	Googleドキュメント
File	ファイル
GmailAttachment	Gmailの添付ファイル
Spreadsheet	Googleスプレッドシート

※その他の BlobSource については下記にまとめられています
https://developers.google.com/apps-script/reference/base/blob-source

より専門的にいうと、Blob Source は「インターフェース」と呼ばれる仕様で、「File クラス（オブジェクト）は BlobSource インターフェースを実装している」という表現をするのですが、いまのところ気にしなくて大丈夫です。知っておいてほしいのは、上記のオブジェクトに対しては getBlob()で Blob に変換できるんだということです。

上記のように、Blob に変換できるオブジェクトは複数ありますが、その中でも本書ではよく使うであろう File と GmailAttachment について説明しました。

「請求書自動保存 プログラム」を 書いてみよう

まずは何がどうなれば 完成なのかを決めます

では、今回の課題である「Gmailに添付されている請求書のファイルをGoogle Driveに保存するGAS」の要件を定義してみましょう。

今回は下記の前提だとします。プログラムを変更すればこの前提条件以外にも対応できますが、簡略化のため下記のような前提をおいています。

【前提】
- 請求書が添付されているメールは件名に必ず「請求書」の文字が含まれているものとする
- 送られてきたメールの一つ目（スレッドの1つ目のメッセージ）に請求書が添付されている
- メールに添付されているファイルは1つだけとする
- 過去30日以内に送られてきたメールを対象とする
- 請求書のpdfを保存するフォルダの名前は「請求書保存先」とする

そのうえで、今回のプログラムの要件を決めます。

【要件】
- 実行者のGmailを検索し、対象のメールに添付されているファイルがGoogle Driveに保存される
- 対象のメールとは、下記の条件に当てはまるもの
  - 件名に「請求書」という文字が含まれている
  - 添付ファイルとしてファイルが1つだけ存在する
  - 実行時から過去30日以内に送信されたメール
- 処理が終わったら「{保存先URL}にファイルを保存しました」のメッセージを表示する

概念図とフローチャートで全体の流れを確認してみよう

まずいつものように、日本語で必要な処理を考えてみましょう。

前章までの自動化では「インプット」として「Googleスプレッドシートに書かれている情報」が与えられていました。ですが今回は、まず「Gmailを検索する処理」をおこない、そこで得られた「アウトプット（検索されたメッセージ）」をインプットにして「必要な添付ファイルを保存する処理」がなされる、という流れになります。つまり、インプット → 処理 → アウトプット、の流れが、大きな観点で2回繰り返される形になっています（図5-14）。

図5-14 大きな概念図

また、何をインプットととらえるのかの考え方は1つではなく、これが正解というわけでもありません。このままだと少しプログラムにしづらいため、「添付ファイルをフォルダに保存する」処理をさらに2つに分けてみます。そうすると全部で3つの処理と考えることができます。

- Gmailを検索する
- 添付ファイルを取り出す
- 添付ファイルをフォルダに保存する

さらに今回は、メインに実行する関数と、上の処理のそれぞれをおこなう関数を作って、メインの関数から他の関数を順番に呼びだす、という形にしたいと思います（あくまで「今回は」この設計方針にしたというだけで、これが唯一の正解というわけではありません）。

この時点で私の頭の中には「実行する関数はこんな感じ」というイメージが浮かんでいます。

```
function main() {
  // Gmail を検索する関数を呼ぶ

  // 添付ファイルを取り出す関数を呼ぶ

  // 添付ファイルをフォルダに保存する関数を呼ぶ

  // 保存が完了しましたメッセージを表示
}
```

これをフローチャートにする際は、「それぞれの関数ごとを塊として図にする」ことを意識してみましょう（図5-15）。

図 5-15 関数ごとのフローチャート

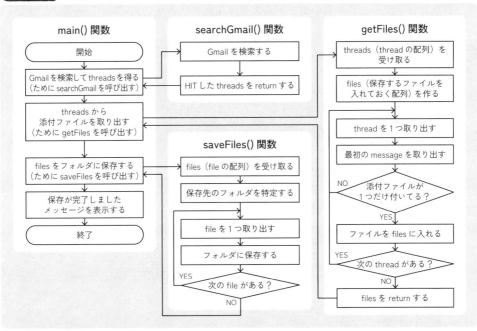

実行するのはmain()関数です。main()関数が「自分」だとすると、「Gmailを検索する処理」「添付ファイルを取り出す処理」「ファイルを保存する処理」はそれぞれの関数にまかせます。main()関数である自分は、まかせた処理の結果を受け取る役割です。

事前準備をしよう

メールを準備する

まずは「条件に合うメール」を受信しておきます。要件定義を行った時の下記の条件、

- 件名に「請求書」という文字が含まれている
- 添付ファイルとしてファイルが1つだけ存在する
- 実行時から過去30日以内に送信されたメール

に合うメールを、自分のGmailのアドレスに向けて、何通か送っておいてください。

フォルダを準備する

今回は「添付ファイルを保存しておくフォルダ」が必要になります。Google Driveの中に「請求書保存先」という名前でフォルダを作成しましょう（図5-16）。

図 5-16 「請求書保存先」という名前でフォルダを作成

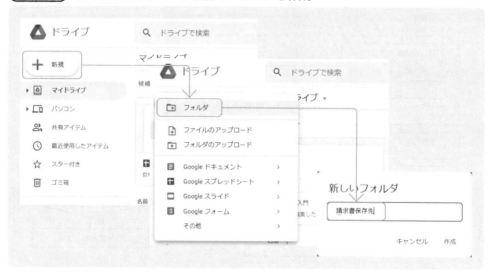

フォルダを作成したらそのフォルダを開いてください。

プログラムの中で「保存先のフォルダIDを指定する」必要があるので、フォルダIDを調べておきます。フォルダIDとはURLのfolders/より後ろにある文字列です（図5-17）。

図 5-17 フォルダIDの確認

Googleスプレッドシートとスクリプトファイルを準備する

続いてこのフォルダの中に新しくスプレッドシートを作成しましょう。名前は「請求書保存GAS」とつけました。続いて、メニューのツール→スクリプトエディタを開きましょう。プロジェクト名は「請求書保存プロジェクト」とします。

コードを書いてみよう

前章までの課題では、一つのスクリプトファイルに複数の関数を書いてきていました。今回は、プログラム全体が長いため、関数ごとにファイルを分けていこうと思います。役割ごとに関数に分け、関数ごとにファイルを分けることで全体が見通しやすくなりますし、一つずつのファイルが小さくなるため、修正が容易になっていきます。

フローチャートに出てきた関数4つそれぞれに、スクリプトファイルを作成し、さらに一つグローバル定数・変数を書くためのスクリプトファイルも作っておきます(図5-18)。

図 5-18 スクリプトファイルの作成

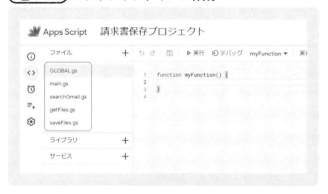

ここからそれぞれのファイルの中身を書いていきます。少しずつコードを成長させてい

く流れで説明していきますが、サンプルコードを書き写していくのではなく、ぜひ「自分で考えたコードを書いてみる」ことにもチャレンジしてほしいです。

GLOBAL.gsをつくる

≡ コード 5-8 GLOBAL.gs

```
const FOLDER_ID = "xxxxxxxxxx";
```

　ここにはグローバル定数・変数を定義しておきます。このファイルにはfunctionは書かずに、この1行だけを書きます。

「スコープ」の説明でもお伝えしましたが、グローバル定数はそのプロジェクト内のどこからでも参照できる定数です。今回は「保存先のフォルダID」はプロジェクトを通して1つに固定ですので、これをグローバル定数として定義します。そのため、これをグローバル定数として定義します。私がグローバル定数を書くときは、ローカル定数と区別できるように「すべて大文字で、アンダースコアで区切って書く」というルールで記述しています。xxxxxxx の部分は自分のフォルダIDを指定してください。

main.gsをつくっておく

　さて、ここからmain()関数を書いていきます。この関数は、フローチャートにもあるように、「他の関数を呼び出して仕事をさせ、その結果を受け取り、次の関数にわたす」という「司令塔」の役割を持っています。

≡ コード 5-9 ※部分 main.gs

```
/**
 * 実行する関数。ここがメイン。
 */
function main() {
  // Gmailを検索する
  const threads = searchGmail();

  // 添付ファイルを取り出す

  // 添付ファイルをフォルダに保存する

  // 保存が完了しましたメッセージを表示

}
```

まずsearchGmail()関数を呼び出し、その結果としてthreadの配列を受けとり、threadsに代入するようにします。そこで最初に、Gmailを検索するためのsearchGmail()を作ります。

searchGmail.gsをつくる

先に進む前に、自分でsearchGmail()を書くとしたらどんなコードになるか考えて、可能であれば書いてみてください！　その際、本章で扱ったGmailの使い方が参考になります。検索の条件は

- 件名に「請求書」という文字が含まれている
- 実行時から過去30日以内に送信されたメール

でしたね。searchGmail.gsのファイルにこの関数を書いてみてください！

≡ コード 5-10 searchGmail.gs

```
/**
 * Gmailを検索して、threadsを返す
 */
function searchGmail() {
  const query = 'subject: 請求書 newer_than:30d';
  const threads = GmailApp.search(query);
  return threads;
}
```

このコードは、本章の最初で説明した内容と同じです。まずqueryに検索内容を文字列で定義し、その文字列でGmailを検索するとthreadsが取得できます。それをそのままreturnしています。returnされたthreadsは、呼び出し元であるmain関数のthreadsに代入されます。

動作確認のため、「件名に "請求書" を含み、添付ファイルが1つあるメール」を受信しておき、main()をデバッグしてみましょう（図5-19）。今回はmain()関数の最後の行にデバッグポイントを指定しています。うまく動いていれば下記のように、右側の「Local」の項目内にthreads: Array(n)のように表示されます（Arrayは英語で「配列」という意味で、今回の場合、nにthreadの数が入っていれば成功です）。

また、右側にScriptという項目がありますが、ここにはグローバル定数・変数が表示されます。「変数」の欄にあるGlobalという項目には「自分で書いた関数」と「組込み関数」が入っていますが、ここはあまり気にしなくて大丈夫です。

図 5-19 デバッグ機能

図 5-19 デバッグ機能

これで「Gmailを検索する処理」が完成しました。続いて「添付ファイルを取り出す」処理を考えます。

getFiles.gs をつくる

まずmain()関数に、「関数getFiles()にthreads（＝threadの配列）を引数として渡し、戻り値をfilesに入れる」という処理を書き、次に、getFiles()の実装をします。ここでも、自分だったらどう書くか、考えてみてください！

≡ コード 5-9 ※部分 main.gs

```
/**
 * 実行する関数。ここがメイン。
 */
function main() {
  // Gmailを検索する
  const threads = searchGmail();

  // 添付ファイルを取り出す
  const files = getFiles(threads);

  // 添付ファイルをフォルダに保存する

  // 保存が完了しましたメッセージを表示


}
```

```
/**
 * Gmailを検索し、該当する添付ファイルの配列を返す
 */
function getFiles(threads) {
  const files = [];
  for (const thread of threads) {
    const firstMessage = thread.getMessages()[0]
    const attachments = firstMessage.getAttachments();
    if (attachments.length !== 1) {
      continue;
    }
    files.push(attachments[0]);
  }
  return files;
}
```

　Gmailのところで説明した「thread内の1通目のmessageを取り出したい時」の方法を使っています。まず、for文を作り、threadsから各threadを一つずつ取り出して、そのthreadの1通目のmessage（＝クライアントから送られてくる請求書が添付されたmessage）を取り出しています。そこから、

```
const attachments = firstMessage.getAttachments();
```

　によって、1通目のメッセージの添付ファイルを取得します。今回の「前提」は、「1つの添付ファイル（＝請求書）があること」です。つまり、複数の添付ファイルが付いているメッセージは対象外になります。そのため、念のためif文を使って、添付ファイルが1つ以外のメッセージは除外しています。

```
if (attachments.length !== 1) {
  continue;
}
```

「添付ファイルの配列の長さが1以外だったら」つまり「添付ファイルが1つじゃなかったら」continueする（＝次のループに進む）、という一文です。ちなみに、この一文は下記のように書いても成立します。これは、if()に続く文が一文のときは { } を省略できる、というルールがあるからです。

≡ コード 5-11 ※部分 getFiles.gus

```
if (attachments.length !== 1) continue;
```

続いて、if文の結果、添付ファイルが1件だけだった場合は、files配列にattachments[0]（＝請求書のファイル）を追加しています。

≡ コード 5-11 ※部分 getFiles.gus

```
files.push(attachments[0]);
```

これをthreadsの数だけ繰り返す（for (const thread of threads)）ことで、30日以内に送信されたすべての請求書がfilesの中に追加されます。

最後にreturn filesしてこの関数は処理を終えます。処理がmain()関数に戻り、戻り値がmain()関数にあるfilesの中に入ります。

saveFiles.gsをつくる

続いて、「添付ファイルをフォルダに保存する」処理を考えましょう。

≡ コード 5-9 ※部分 main.gs

```
/**
 * 実行する関数。ここがメイン。
 */
function main() {
  // Gmailを検索する
  const threads = searchGmail();

  // 添付ファイルを取り出す
  const files = getFiles(threads);

  // 添付ファイルをフォルダに保存する
```

```
    saveFiles(files);

    // 保存が完了しましたメッセージを表示


  }
```

　saveFiles()はfiles（ファイルが入った配列）を引数として受け取り、ファイルをフォルダに保存する関数です。ここでもGoogle Driveのところで学習したことを使って、自分で考えてみてください！

☰ コード 5-12 saveFiles.gs

```
/**
 * ファイルの配列を受け取り、Google Driveに保存する
 */
function saveFiles(files) {
  const folder = DriveApp.getFolderById(FOLDER_ID);

  for (const file of files) {
    folder.createFile(file);
  }
}
```

　まず、最初の一行目で、フォルダIDを指定してフォルダを取得しています。次にfor文で、files配列からfile（＝請求書）を取り出し、フォルダの中に入れる処理をおこなっています。

☰ コード 5-12 ※部分 saveFiles.gs

```
const folder = DriveApp.getFolderById(FOLDER_ID);

for (const file of files) {
  folder.createFile(file);
}
```

　先に、以下のように引数を使って、folderの中にテキストファイルを作成する例をあげました。

```
folder.createFile('test.txt', 'テストです');
```

今回は、フォルダの中にファイルを作成する処理は、以下のように引数を用いています。

```
folder.createFile(file);
```

　表5-5に記載のとおり、createFile()にはcreateFile(blob)のように、Blobオブジェクトを渡してファイルを作成する方法があります。今、配列filesの中のfileには、getFiles.gsによって取り出した、attachmentが入っています。そして、Gmailの添付ファイル、attachmentは、表5-8のとおりBlobオブジェクト（という仕様）なのです。

　そのため、上のように書くことで、attachmentをfolderに作成する（つまりfolder内にファイルを格納する）ことが可能になります。もし、filesに複数の添付ファイル（＝Blobオブジェクト）が入っている場合、ここのfor文でそれぞれのファイルをフォルダ内に作成することもできます。

　saveFiles()関数には戻り値がありませんので、何もreturnしません。処理は呼び出し元であるmain.gsに戻ります。

サンプルコードを動かしてみよう

　最後に、main.gsに数行追加して、保存したことがわかるように、メッセージが表示されるようにしましょう。

```
/**
 * 実行する関数。ここがメイン。
 */
function main() {
  // Gmailを検索する
  const threads = searchGmail();

  // 添付ファイルを取り出す
  const files = getFiles(threads);
```

```
  // 添付ファイルをフォルダに保存する
  saveFiles(files);

  // 保存が完了しましたメッセージを表示
  Browser.msgBox(`https://drive.google.com/drive/
folders/${FOLDER_ID} に保存しました`)

}
```

これを実行すると、スプレッドシートの画面に下記のようにメッセージが表示されます
（図5-20）。

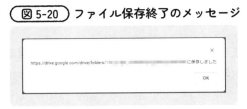

図 5-20 ファイル保存終了のメッセージ

URLに移動すると、フォルダに請求書ファイルが保存されていることがわかります。こ
れで「意図したように動いている」ことがわかりました！（図5-21）。

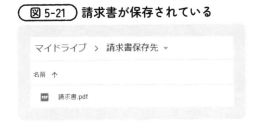

図 5-21 請求書が保存されている

この関数の実行を、3章の課題解決プログラムと同じく「スプレッドシートのメニュー
からおこなえる」ようにすることもできます。第3章の「自分でメニューを作る」を参考
に、書いてみてください！

章のまとめ

ここまで習得したら
できることが
増えているはず！

本章ではGoogleのサービスの中のGmailとGoogle DriveをGASで扱う方法を学習しました。

他にもGmailであれば、スターをつけたりラベルを付けたりすることも可能ですし、Google Driveであればファイルの移動やコピーも可能です。また、スプレッドシートと組合せて、

- 検索条件に該当するメールの件名と本文をシートに書き出す
- 特定のフォルダに存在するファイル名をシートに書き出す

ということも可能です。ぜひチャレンジしてみてください！

第6章

プログラムの
メンテナンス

この章でできる ようになること

メンテナンス（保守）も
大事です

第1章からここまで、プログラミングの入門をしてきました。現時点で、大きく2つのことが身についていると思います。

【プログラミングの基本】
・変数や定数、配列やオブジェクト
・if や for などの構文
・関数、など

【Google のサービスを利用したプログラム】
・Google スプレッドシート
・Gmail
・Google Drive
・メニューを作る
・トリガーを作る

これらの知識を使って（また、この本のサンプルコードを元にして自分でアレンジすることで）「自分がやりたいこと」を自分で実現することが可能になっていると思います。特に「プログラミングの基本」の部分は GAS に関わらず、他のプログラミング言語でも応用できます。

ここまで本書で学習してきたみなさんは、わからないところを Web で検索して、出てきたコードを見ながら自分なりにアレンジしてプログラムを書くことができるようになっていると思います。趣味のプログラムでも、仕事で使うプログラムでも言えるのは

「すべてをゼロから考える必要はない」

ということです。ほとんどのことは先駆者がいて、前例があって、サンプルコードがWeb上に公開されています。あとはそれをコピー＆ペーストすれば動くものは作れます。それはとても便利で、プログラミングの基本を知らなくてもコピペだけでプログラムがで

きてしまうほどです。

　ただ、これらのサンプルコードは「何をやっているのか理解したうえで利用する」ことが大事になります。理解できていないコードを実行してしまうと危険なこともあるからです。たとえばGoogleスプレッドシートの情報を送信するプログラムを実行して、知らない人にメールが送られてしまったら情報漏洩になるかもしれません。

　この、「何をやっているか理解する」ための知識も、本書ではお伝えしてきたつもりです。

　Web上には「GASを使った自動化の例」は数え切れないほど公開されています。「GAS　Googleスプレッドシート　○○」や、「GAS　メール　○○」のようなワードで検索すれば、自分がやりたいことが出てくると思いますし、最近は「プログラミングの質問サイト」もありますので、そういう場所を利用して理解を深めるのもいいでしょう。

　プログラムが書けるようになってくると、楽しくなっていっぱい書きたくなります。身の回りの手作業を自動化できるってとてもうれしいじゃないですか！　自分が書いたプログラムで誰かに喜んでもらえるなんてステキじゃないですか！　それこそが、プログラミングの楽しさでもあります。

　ただし、自動化を目的としたプログラムは「書いて終わり」ではありません。

　ここでは、あまり入門書に書かれることのない「プログラムのメンテナンス」について紹介したいと思います。

　なかには「一度書いて、動かして、おしまい」というプログラムもありますが、自動化を目的としたプログラムでは

「定期的にプログラムを実行し、長期間にわたって使われ続ける」

ことで効果が発揮されます。そのためには、メンテナンス（保守・管理）が必要です。私はメンテナンスとは大きく2つの種類があると思っています。

機能の追加・修正のニーズへの対応

　そのプログラムが自分のために作ったものであれ、誰かのために作ったものであれ、長く使われていく中で

「もっとこうしたい」
「ここをこういうふうに変えられる？」

というニーズが出てきます。プログラムが小さいうちは修正も容易ですが、コード量が大きくなってくると「修正した時に、他に悪影響がないか」という点がすごく大事になっ

てきます。

「動かなくなった」への対応

　長く使われているプログラムでは、これまで動いていたプログラムが急に動かなくなる、という事態に遭遇することがあります。動かなくなる原因はさまざまですが、その不具合に対してのトラブルシューティング（＝問題を特定し、原因を見つけ、問題を解消し、今後同じ問題が起きないようにする一連の作業）をおこなう必要があります。

　この章では、この2パターンのサンプルケースを紹介します。

日報送信プログラムに条件を追加しよう

増やした知識で機能の拡張ができます！

　第2章では、「営業進捗管理表のスプレッドシートから、特定のセルの値を取得してメール送信する」というプログラムを書きました。

　このプログラムの導入の結果、手動作業はたしかに減ったのですが、長く使っていると、

「もっとこうだったらいいのにな」

という改善案もいろいろと出てくるものです。時間が経つにつれてメールを受信しているメンバーの1人がこう言ったとします。

「休みの日にはメールを止めてもらうことってできますか?」

　そうなのです。このプログラムはトリガーで「毎日1回」起動するように設定されているので、休日でも動いてしまいます。ここでは「平日だけメールを送信する」という機能を追加してみましょう。合わせて第2章のときには学習していなかった「関数」を使って、処理を役割ごとに分けてみる（既存のプログラムを書き換えてみる）こともやってみます。

　では、もともとの処理の流れから、どう変えればいいかを見ていきましょう。今回は、「今日が平日ならメールを送信する」という処理を追加したいわけです。今のみなさんなら「if文だな」とピンとくると思います。それでは、第2章の時のフローチャートを書き換えてみます（図6-1）。

図 6-1　フローチャートの書き換え

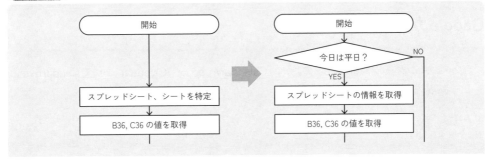

319

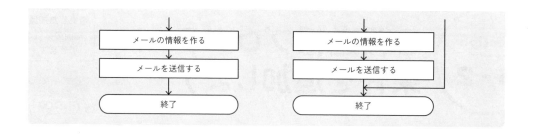

変更点は「今日は平日?」というif文を追加した箇所です。休日であれば、処理を終了するようにします。「休日」の定義をきちんとしておきましょう。ここでは「土日祝日」とします（休日以外は「平日」とします）。全体像はこうなります。

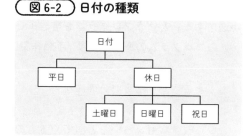

図 6-2　日付の種類

よって、ある日付が「土日」か「祝日」かが判定できれば休日かどうか判定できます。「土日かどうか」の判定はDateオブジェクトのところで学習しましたね。

≡ コード

```
Dateオブジェクト.getDay()
```

これで、0～6の値が取れ、0が日曜日で6が土曜日でした。土日についてはこれを使えば良さそうです。しかし「祝日」は、年ごとに固定ではありません。どうやって判定したらいいでしょうか？　これはGoogleカレンダーの機能を使うと、とても簡単に判別できるようになります。ということで、まずGASでGoogleカレンダーを操作する方法について学習しましょう。

Googleカレンダーの構造

Googleカレンダーの構造は図6-3のように「CalendarApp　→　Calendar　→　CalendarEvent」という階層構造になっています。

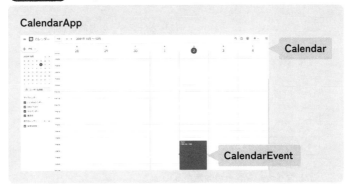

（図 6-3） Google カレンダーの構造

CalendarApp

Calendar

CalendarEvent

Google スプレッドシートがSpreadsheetApp → Spreadsheet → Sheet → Range という構造になっていたのと同じイメージですね。

Calendar を取得する方法の一つとして、「カレンダー ID」を使う方法があります。

カレンダー ID の確認方法

【1】カレンダー右上にある歯車マークをクリックし、「設定」を選ぶ

（図 6-4） 設定を選ぶ

【1】歯車マーク
　　から「設定」

【2】設定画面が開いたら、左側の「マイカレンダーの設定」からIDを知りたいカレンダー をクリック。IDのメモを取ってください

【3】カレンダーの「名前」と「説明」を入力しておく（あとで使います）

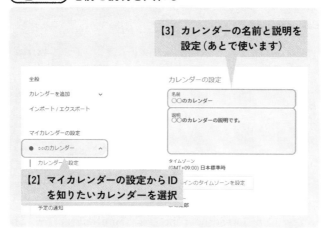

図6-5 名前と説明を入れる

【4】「カレンダーの統合」をクリックする

【5】カレンダーIDが表示される（通常は自分のメールアドレスになっていると思います）

図6-6 カレンダーIDの確認

　では、このカレンダーIDを使って、Googleカレンダーを取得してみましょう。新しく「スタンドアロンスクリプト」を用意して下記の関数を書いてみましょう。xxxxの箇所に自分のカレンダーIDを記入してください。

```
function calendar1() {
  // カレンダーを取得する
  const calendar = CalendarApp.getCalendarById("xxxx");

  // Googleカレンダーから「名前」と「説明」を取得する
  console.log(calendar.getName());
  console.log(calendar.getDescription());
}
```

▶ ログ

```
○○のカレンダー
○○のカレンダーの説明です。
```

それぞれのメソッドの意味は、以下のとおりです。関連するメソッドもあげておきます。

表 6-1 **CalendarApp のメソッド（一部）**

メソッド	意味
createCalendar(name)	カレンダーを作成する
getAllCalendars()	自分が入っているカレンダーをすべて取得する
getCalendarById(id)	IDを指定してカレンダーを取得する
getName()	名前を取得する

表 6-2 **Calendar のメソッド（一部）**

createAllDayEvent(title, date)	タイトルと日付を指定して終日イベントを作成する
getDescription()	カレンダーの説明を取得する
getEvents(startTime, endTime)	開始時刻と終了時刻を指定して、イベントを取得する
getName()	名前を取得する

期間を指定してイベントを取得する

Calendar の中には CalendarEvent が入っています。これを取得してみます。

準備として、自分の Google カレンダーに対して「今から2時間以内」の範囲で予定（イベ

ント）を複数追加しておいてください（図6-7参照）。

図 6-7 カレンダーイベントを追加

この状態で、下記の関数を実行してみましょう。

コード 6-2

```javascript
function calendar2() {
  // カレンダーを取得する
  const calendar = CalendarApp.getCalendarById("xxxx");

  const now = new Date();
  // now から2時間後を表すDateオブジェクトを作成
  const twoHoursFromNow = new Date(now.getTime() + (2 * 60 *
60 * 1000));
  const events = calendar.getEvents(now, twoHoursFromNow);
  console.log(`イベントの数: ${events.length}`);

  for(event of events) {
    console.log(`タイトル: ${event.getTitle()}`);
  }
}
```

▶ ログ

```
イベントの数: 2
タイトル: 予定その1
タイトル: 予定その2
```

コードの中で、イベントを取得している箇所は下記になります。

```
const events = calendar.getEvents(now, twoHoursFromNow);
```

　getEvents()は、最初の引数で「いつから」なのか、次の引数で「いつまでか」を指定し、その範囲内のイベントを取得します。この時注意するのは、このメソッドは「指定した範囲内に開始するイベント」のみではなく、「指定した範囲内に終了するイベント、あるいは範囲を含むイベント」も返すことです。図6-8のようにイベントが存在している場合は、イベントA、B、C、Dが取得できます。「いつまで」に指定した時刻「未満」になるため、イベントEは取得されません。

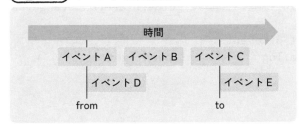

図6-8　イベントの取得範囲

　またこのとき、「いつから」と「いつまで」はDateオブジェクトにして指定しなければいけないという仕様のため、引数nowとtwoHoursFromNowの両者は、事前にDateオブジェクトとして作成しています。

　こうすることでイベントの配列であるeventsが取得できます。その後、for...ofを使ってeventsの中を1つずつ取り出し、event.getTitle()でイベントのタイトル（予定名）を出力する、という処理をしています。

　上記の例では「いつから＝現時刻」「いつまで＝それから2時間後」という範囲の指定をしていますが、たとえば下記のように時刻を指定することも可能です。

```
const from = new Date("2022-10-01 00:00:00"); // いつから
const to   = new Date("2022-10-11 00:00:00"); // いつまで
const events = calendar.getEvents(from, to);
```

※第4章のDateオブジェクトのところで学習した「タイムゾーン」の設定を忘れずに確認しておいてください。Googleカレンダーのタイムゾーンとスクリプトエディタのタイムゾーンが一致していないと正しく取得できません

日付を指定してイベントを取得する

「期間」ではなく「日付」を指定してその日の予定を取得するにはgetEventsForDay()を使います。getEventsForDay()に引数としてDateオブジェクトを渡すことで、その日付にあるイベントを取得できます。

≡ コード 6-3

```
function calendar3() {
  // カレンダーを取得する
  const calendar = CalendarApp.getCalendarById("(自分のカレンダーIDを入力)");

  const targetDay = new Date("2022-12-31");
  const events = calendar.getEventsForDay(targetDay);

  for(event of events) {
    console.log(`タイトル: ${event.getTitle()}`);
  }
}
```

このとき、引数で渡すDateオブジェクトは「日付」の部分までが有効で、時分秒を指定しても無視されます。

たとえば上記のサンプルで、const targetDay = new Date("2022-12-31 10:00:00")のように10:00:00と時分秒を指定しても、「2022年12月31日の予定」という指定と見なされます。

さて、これで「Googleカレンダーから期間や日付を指定して、イベント（予定）を取得する」ことができるようになりました。

日本の祝日をGoogleカレンダーに追加する方法

祝日の判定をするのになぜ「Googleカレンダーでのイベントの取得」を学習したかというと、「日本の祝日を集めたGoogleカレンダー」が存在するためです。

まずは自分のGoogleカレンダーに、「日本の祝日カレンダー」を追加してみましょう。

日本の祝日の追加方法

【1】画面右上の歯車マークから設定を選択する

【2】画面左側の「カレンダーを追加」を選択する

【3】「関心のあるカレンダーを探す」を選ぶ

（図 6-4）設定を選ぶ ※再掲

【1】歯車マークから「設定」

（図 6-9）関心のあるカレンダーを探す

【3】関心のあるカレンダーを探す

【2】カレンダーを追加

【4】【5】
「地域限定の祝日」の中から、「日本の祝日」を探してチェックを入れる

（図 6-10）「日本の祝日」にチェック

【4】地域限定の祝日

【5】「日本の祝日」を探してチェックを入れる

【6】 カレンダー画面にもど
　　 ると、日本の祝日が表
　　 示されている

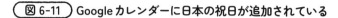

図 6-11　Google カレンダーに日本の祝日が追加されている

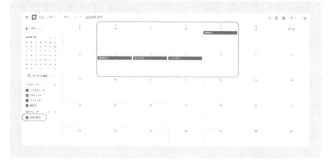

　このカレンダーを使えば「今日は祝日なのかどうか」が判別できるようになります。具体的にどうやるのか、見ていきましょう。

GASから日本の祝日カレンダーを扱う方法

　Google カレンダーにアクセスするには、カレンダー ID が必要でした。「日本の祝日」のカレンダー ID は「設定」→「日本の祝日」→「カレンダー統合」からわかります（図6-12）。以下をそのまま使っていただいても問題ありません。

ja.japanese#holiday@group.v.calendar.google.com

図 6-12　カレンダー ID の確認

このGoogleカレンダーにはイベントとして日本の祝日だけが登録されています。ということは、calendar3のコードを一部少し変えて、

```
const events = calendar.getEventsForDay(targetDay);
if(events.length > 0){
  // eventがある = 祝日である
}else{
  // 祝日ではない
}
}
```

とすれば、「eventsの要素が存在したら祝日／しなければ祝日ではない」という判断ができますね！　if(events.length > 0)を使えばこれまでの知識で書けると思います。

休日かどうかを判定する関数を作ろう

ここまでの情報で、ある日付（Dateオブジェクト）に対して「土日かどうか」と「祝日かどうか」を判別できるようになりました。それではこの二つの処理を組合せ、「ある日付が休日（土日または祝日）かどうか」を判定するisHoliday()という関数を作ってみます。

```
/**
 * 受け取ったday（Dateオブジェクト）が休日かどうかを調べる。
 * 休日ならtrue、そうでないならfalseを返す
 */
function isHoliday(day){
  // 土日判定
  if (day.getDay() === 0 || day.getDay() === 6) {
    return true;
  }

  // 日本の祝日カレンダー IDからカレンダーを取得
  const calendarId = "ja.japanese#holiday@group.v.calendar.
  google.com";
  const calendar = CalendarApp.getCalendarById(calendarId);
```

```
    // day の日付に登録されているイベントを取得
    const events =calendar.getEventsForDay(day);

    // 日本の祝日判定
    if(events.length > 0) {
      return true;
    } else {
      return false;
    }
  }
```

　プログラムの仕様について補足しておきます。この関数はreturnが3箇所に出てきます。このようにreturnが1つの関数の中で複数ある場合、どれかのreturnが実行されると、処理は関数の呼び出し元に移ります。

　具体的に説明します。仮にday.getDay()が0だった場合、下記の処理でreturn trueが実行されます。

≡ コード 6-4 ※部分

```
  function isHoliday(day){
    // 土日判定
    if (day.getDay() === 0 || day.getDay() === 6) {
      return true; // これが実行されると
    }

    // ここには処理が来ない
```

　その場合、isHoliday()関数の処理は終了し、それ以降にあるコードは実行されない、ということです。これはプログラムを終了させるときにも使えます。

≡ コード

```
  function testReturn(){
    return;
    console.log("出力されない")
  }
```

testReturn()を実行すると、1行目でreturnが実行されることでその関数が終了します。console.log()は実行されません。

さて、このisHoliday()関数ですが、動作テストをしようとしても、この関数を指定して実行するとエラーになってしまいます。なぜなら、この関数は引数としてday（Dateオブジェクト）を受け取る必要があるからです（第4章課題で、diffDays()の動作確認をしたときと同じ考え方です）。

今回も同様に、この関数がちゃんと動いているかどうかを確認するために「isHoliday関数を使う関数」であるtestIsHoliday()を作ってみます。そして、testIsHoliday()関数の中でisHoliday()関数の結果をconsole.logで出力します。

≡ コード 6-4-2

```
function testIsHoliday(){
  const weekday  = new Date("2022-11-01"); // 平日
  const holiday  = new Date("2022-11-03"); // 祝日 ( 文化の日 )
  const saturday = new Date("2022-11-05"); // 土曜日
  const sunday   = new Date("2022-11-06"); // 日曜日
  // isHoliday関数を使う ( 呼び出す )
  console.log(isHoliday(weekday));
  console.log(isHoliday(holiday));
  console.log(isHoliday(saturday));
  console.log(isHoliday(sunday));
}
```

▶ ログ

```
false
true
true
true
```

testIsHoliday()の実行結果をみると、平日ならfalse（つまり休日ではない）が出力され、祝日、土曜、日曜だとtrue（つまり休日）が出力されています。これによってisHoliday()関数が意図したように動いていることが確認できました。

日報送信プログラムを修正する

　祝日の判定ができるようになったところで、本題である「日報送信プログラム」を修正していきましょう。第2章で書いたsalesDailyReport()関数が下記になります。

☰ コード 2-14 ※再掲

```
/**
 * 営業進捗情報をメール送信する
 * トリガー： 毎日8時台に実行
 */
function salesDailyReport() {
  // スプレッドシートを取得
  const ss = SpreadsheetApp.getActive();

  // シートを取得
  const sheet = ss.getSheetByName("営業進捗");

  // セルを指定して値を取得
  const count = sheet.getRange("B36").getValue();
  const sales = sheet.getRange("C36").getValue();

  // 送信先のメールアドレス
  const to = "xxxxxx@xxxx.xxx";

  // 件名
  const subject = "営業進捗報告";

  // 本文
  const body = `営業メンバー各位

お疲れさまです。ハルカです。
今月の営業進捗情報を送信します。

受注件数： ${count}件
売上金額： ${sales}円

以上、よろしくお願いします。

ハルカ
`;
```

```
  // メールを送信する
  GmailApp.sendEmail(to, subject, body);
}
```

salesDailyReport() では、1つの関数の中で複数の処理をおこなっていました。

● シートから件数と金額を取る
● メールの件名、本文を作る
● メールを送信する

これに対して「休日ならメール送信しない」という条件を追加するのが今回の目的です。

● 休日かどうか判定する（休日なら処理を終了する） ◀ 追加
● シートから件数と金額を取る
● メールの件名、本文を作る
● メールを送信する

　みなさんは2章以降で「関数」を学習していますので、今回の修正にあたって「処理の塊ごと」に関数にしてみましょう。今回は「休日かどうかの判定をする処理」と「メールを送信する処理」を関数化してみます。図6-13がイメージになります。

図6-13　処理の固まりに分けてみる

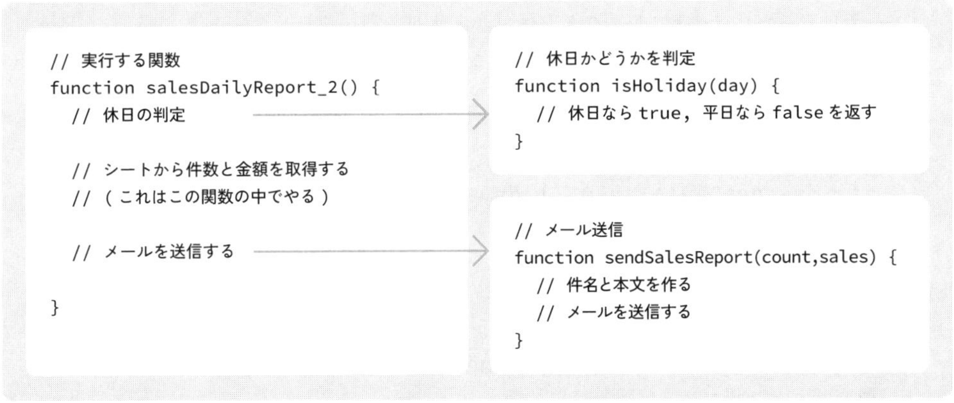

```
// 実行する関数
function salesDailyReport_2() {
  // 休日の判定

  // シートから件数と金額を取得する
  // （これはこの関数の中でやる）

  // メールを送信する

}
```

```
// 休日かどうかを判定
function isHoliday(day) {
  // 休日なら true，平日なら false を返す
}
```

```
// メール送信
function sendSalesReport(count,sales) {
  // 件名と本文を作る
  // メールを送信する
}
```

サンプルコードを動かしてみよう

下記のように3つの関数ができました。実行するのはsalesDailyReport_2()です。

≡ コード 6-5

```
/**
 * 日報送信プログラム。実行する関数
 */
function salesDailyReport_2() {

  // 本日が休日であればその後の処理をしない
  const today = new Date();
  if(isHoliday(today)) return;

  // シートから件数と金額を取得する
  const ss = SpreadsheetApp.getActive();
  const sheet = ss.getSheetByName("営業進捗");
  const count = sheet.getRange("B36").getValue();
  const sales = sheet.getRange("C36").getValue();

  // メールを送信する
  sendReport(count, sales);
}
```

```
/**
 * 受け取ったDateオブジェクトが休日かどうかを調べる。
 * 休日ならtrue、そうでないならfalseを返す
 */
function isHoliday(day){
  // 土日判定
  if (day.getDay() == 0 || day.getDay() == 6) {
    return true;
  }

  // 日本の祝日カレンダーIDからカレンダーを取得
  const calendarId = "ja.japanese#holiday@group.v.calendar.
  google.com";
  const calendar = CalendarApp.getCalendarById(calendarId);

  // day の日付に登録されているイベントを取得
```

```
    const events =calendar.getEventsForDay(day);

    // 日本の祝日判定
    if(events.length > 0) {
      return true;
    } else {
      return false;
    }
}
```

```
/**
 * count（件数）とsales（金額）を受け取り、メールを送信する
 */
function sendReport(count, sales) {
  const to = "xxxxxx@xxxx.xxx";
  const subject = "営業進捗報告";

  const body = `営業メンバー各位

お疲れさまです。ハルカです。
今月の営業進捗情報を送信します。

受注件数：${count}件
売上金額：${sales} 円

以上、よろしくお願いします。

ハルカ
`;

  GmailApp.sendEmail(to, subject, body);
}
```

どうでしょうか。ここまでに学習したことの総復習のように、学んだことを組合せて1つのプログラムを作っていく感じがしませんか？

（課題）もう一つ関数化してみよう

ここでチャレンジしてほしいことがあります。salesDailyReport_2()の関数の中で「シートから件数と金額を取得する」という処理の塊がありますが、これも関数にできそうです。

そうすると、実行する関数の中身は以下のようになり、ここだけ読めば、このプログラム

335

全体が何をしているのか、流れがつかめるようになります。

```
/**
 * 日報送信プログラム。実行する関数
 */
function salesDailyReport_3() {

  // 本日が休日であればその後の処理をしない
  const today = new Date();
  if(!isHoliday(today)) return;

  // シートから件数と金額を取得する
  const data = getReportData(); // ←この関数を作る

  // メールを送信する
  sendReport(data.count, data.sales);
}
```

getReportData()関数は、「営業進捗」のシートから件数と金額を取得して、{ count:xx, slase:xx }というオブジェクトを返す仕様とします。ぜひこの関数を作ってみてください。

さて、これによって「休みの日にはメールを止めてもらうことってできますか?」というリクエストに応えることができました。

このように「すでに動いているプログラム」に対して新しく機能を追加することは、そのプログラムが継続して使われるうえでよく発生することです。その際には「元々存在している機能に影響を与えないようにする」ことが前提となります。

たとえば「休日かどうかの判定を追加したら、すべての日が休日と判定されるようになって、メールが届かなくなった」では困ってしまいますよね。そのためには、「修正前と同じ挙動をするのか」の確認を取ることが大事になってきます。

ちなみに、このように「影響がないかを確認しながら開発を進める、プログラミング開発の手法」の一つとして、TDD(Test Driven Development)というものがあります。本書では解説しませんが、これは過去に正常に動作していたものが今も正常に動くかどうかを、「テスト用のプログラムを書いて」チェックしていく方法です。いいコードを書くためには必要な知識になりますので、本書の内容を一通り理解できた後にぜひ調べてみてください。

日報送信プログラムへの機能追加はここまでにして、続いて「動かなくなった」「急にエラーが出るようになった」についての対応を考えてみましょう。

タスク管理シートが動かなくなった!?

原因の特定がキモです

今度は第4章で作成した「タスク管理シート」を例にしてみます。

シチュエーションとして、第4章で作った「タスクリマインドGAS」を、ハルカさんが使っていたとします。しばらく問題なく動いていたのですが、ある日にハルカさんからユウタ先輩に「リマインドメールが届かなくなったが、原因がわからない」という連絡がありました。何が起こったのでしょうか?

ハルカさんの連絡を受けて、ユウタ先輩は何が起こっているのかを確認します。ハルカさんが使っているスプレッドシートを開き、スクリプトエディタを起動してremindTasks()関数を実行してみました。すると図6-14のエラーが発生しました。

図6-14 TypeError: deadline.setHours is not a function

```
実行ログ

19:04:28    お知らせ    実行開始

19:04:29    エラー      TypeError: deadLine.setHours is not a function
            diffDays        @ 第4章_タスク管理.gs:58
            remindTasks     @ 第4章_タスク管理.gs:23
```

この時、エラーメッセージに表示されている「第4章_タスク管理.gs:58」や「第4章_タスク管理.gs:23」がエラーの場所になります。このリンクをクリックすると、コードエディタの該当の場所に移動します。どこでエラーが起こっているのかがすぐにわかります。

この例ではプログラムの58行目にある「deadline.setHours(0);」で「TypeError: deadline.setHours is not a function」というエラーが出ているようです。TypeError......ってなんでしょうか? ネットで「JavaScript TypeError is not a function」で検索してみると、どうもこれは

「関数ではないものを、関数呼び出ししようとした際に発生するエラー」

のようです。つまり「deadline.setHoursが関数じゃないよ」といわれています。

第6章 プログラムのメンテナンス

何が起こっているか詳しく確認するために、デバッグポイントをおいてデバッグを実行してみましょう（図6-15）。

- エラーが出ている行にデバッグポイントを置く
- remindTasksを選択して
- デバッグを実行する
- デバッガ欄にデバッグ情報が表示される

（図 6-15） デバッグ画面

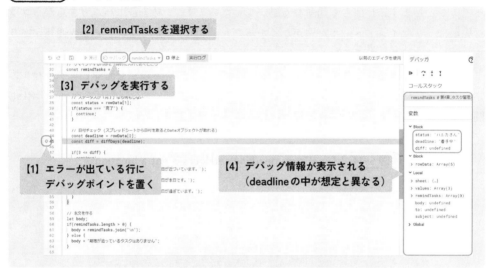

　デバッグ情報の中で「あれ？」と思うところはありませんか？　右側の画面を見ると、現在deadlineに「着手中」という文字列が入っていることになっています。ですが、作った当初の設計では、deadlineは「Dateオブジェクト」が入ってくるはずでした……何かおかしいですよね？

　ここだけ見ていてもわからなそうなので、スプレッドシートを見てみましょう（図6-16）。

（図 6-16） タスク管理表

タスク管理表

タスク名	担当者名	ステータス	期限日	メモ
X社見積書提出	ハルカさん	完了	2022/04/10	
X社に往訪	ハルカさん	着手中	2022/04/20	
Y社　見積書再提出	ハルカさん	未着手	2022/04/21	

……あれ？　第4章で作成したときは図4-1のようになっていたはずです。

図4-1　タスク管理表 ※再掲

	A	B	C	D
1	タスク管理表			
2				
3	タスク名	ステータス	期限日	メモ
4	A社見積書提出	完了	2022/03/10	事前に〇〇さんに確認をとる
5	社内ミーティング資料作成	着手中	2022/03/20	忘れずに〇〇を入れること
6	月次報告書の提出	未着手	2022/03/21	提出先は〇〇さん
7				
8				
9				

見比べるとわかりますが、シートの構成が変わってしまっていますね。B列は「ステータス」列だったのですが、「担当者」の列が追加されています。

確認したところ、ハルカさんの上司がこのタスク管理表をチームのタスク管理に使おうとして、B列に「担当者」列を追加したようです。上司の方は、自分のマイドライブにハルカさんのタスク管理表をコピーしたうえでファイルを修正していたつもりが、ハルカさんのファイルを直接いじってしまっていました（困った上司ですね）。また、このスプレッドシートにGASが仕込んであることも知らなかったようです。

これにより、本来はC列は期限日であるDateオブジェクトが入っているハズなのに、変更されたスプレッドシートのC列が「ステータス」になっているので、「着手中」という文字列がdeadlineとして取得されてしまったのです。これで、原因がわかりましたね。

今回のように、

「GASを作成した後にスプレッドシートの構成が変えられてしまってエラーになる」
「エラーにはならないが意図したような結果にならない」

ということは実務の中でも起こり得ることです。

「あらかじめ、列が追加されても使えるようなプログラムを書く」という対応も考えられますが、ここでは「スプレッドシートに対して意図しない変更が加えられた時に困らないようにする方法」を2つ、紹介します。

対応策①　Googleスプレッドシートを変更できないようにする

プログラム的な対応ではないのですが、効果は大きいと思います。やり方はいくつかあると思いますが、今回はヘッダ（3行目）を自分以外の人が変更できないように「セルの保

護」をおこないます。

【1】ヘッダ（A3:D3）を選択する

【2】選択した範囲上で右クリックをすると出てくるメニューから、「範囲の保護」を選択する

図 6-17 範囲の保護を選択

【3】右に出たメニューから、権限を設定をクリックする

図 6-18 権限を設定

【4】編集権限を設定し、「完了」をクリックする

図 6-19　完了

これで A3:D3 の範囲の編集、たとえば列の名前を変更したり、A列とB列の間に列を挿入したりといった変更が、自分以外はできなくなります。スプレッドシートの画面からすぐに設定できるので、プログラムで使用している部分について変更されたくない場合はとても有効な対応方法です。

対応策②　意図したフォーマットになっているか、プログラミングで確認する

もう一つの方法として、「シートが意図したフォーマットになっていること」をプログラムでチェックする方法を紹介します。図6-20は、タスク管理フローチャートの一部です。

図 6-20　タスク管理のフローチャート

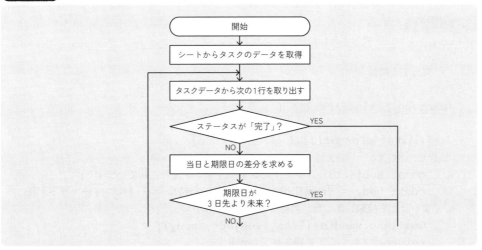

このフローにおいて、処理の一番最初に「フォーマットが正しい状態かどうか」のチェックを入れるのです。正しい状態ではない場合は、その旨をメールで通知し、プログラムを終了する、という流れです（図6-21の青枠の処理を追加します）。

図 6-21 「フォーマットが正しいかどうか」を確認する

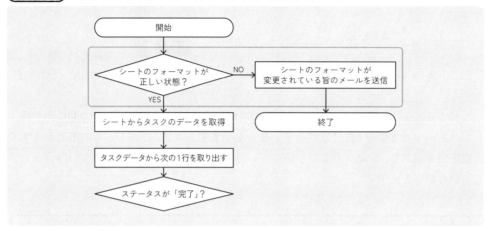

こうすれば、問題がおこった時に、すぐにメールでエラーの通知がくるようになりますね。フォーマットチェックするための関数名をisValidFormatとしました。validとは「有効な」「正当な」といった意味です。

それでは、もともとのremindTask()関数をremindTasks_2()として書き換えてみます。

一番最初にisValidFormat()関数を呼び出して、フォーマットが正しくなければ「フォーマットが正しくないです」というメールを送信して処理を終了します。

≡ コード 6-7

```
/**
 * 実行する関数
 */
function remindTasks2() {

  if(!isValidFormat()) {
    const to = "xxxxx@example.com";
    const subject = "シートのフォーマットが変更されています";
    const body = "remindTasks_2関数実行時に、シートのフォーマットが正
しくないことを検知しました。内容を確認してください。";
    GmailApp.sendEmail(to, subject, body);
    return; // ここで処理を終了させる
```

```
  }

  // データ部分を取得
  const sheet = SpreadsheetApp.getActive().getSheetByName("
タスク");

  // 以下略
```

　本題のisValidFormat()関数は下記のとおりです。「意図したフォーマットかどうか」は、シートのヘッダー部分が当初のままになっているかを確認できればよさそうですね。そこで、「シートからヘッダー（タスク名や、ステータスの行）」を配列で取得して、順番に意図した文字列が入っているか、をチェックしていきます。すべてが意図したようになっていればtrueを、1つでも違っていたらfalseを返す、という関数です。

三 コード 6-8

```
  /**
   * シートのフォーマットが正しいかのチェック
   * 正しければ true，正しくなければfalseを返す
   */
  function isValidFormat() {
    const sheet = SpreadsheetApp.getActive().getSheetByName("
タスク");

    // getValues()をすると二次元配列が取得できるので、それの最初の要素であ
る[0]をheaderに代入する
    const header = sheet.getRange("A3:D3").getValues()[0];

    if(header[0]==="タスク名" && header[1]==="ステータス" &&
header[2]==="期限日" && header[3]==="メモ"){
      return true;
    }
    return false;
  }
```

　if文のところは下記のようにelseを使って書いても同じです。

```
  if(header[0]==="タスク名" && header[1]==="ステータス" &&
header[2]==="期限日" && header[3]==="メモ"){
    return true;
  } else {
    return false;
  }
```

　今回は「タスク名、ステータス、期限日、メモ」という文字列がヘッダーとして意図したところに存在するか、というチェックをおこないました。みなさんが使っているスプレッドシートでも「いつの間にか変えられてしまった」ということがあると思います。今回の例のように「特定のセルに特定の文字列が存在すること」や「特定のシート名が存在すること」などのチェックに応用できる技だと思います。

　対応策1のほうがより根本的な対応になるので、可能であれば「フォーマットを変更できないようにする」ほうがその後のエラーが減ります。ただ、こういった対応が難しい場合もあるため、この次善策として「なるべく早く変化に気付けるようにしておく」ための仕組みを入れておく方法もあるよ、という紹介でした。

章のまとめ

「リファクタリング」も
調べてみてください！

　自分が作ったプログラムで業務が自動化されていくのは、とても楽しいし、やりがいのあることです。しかしこの章で見たように、継続して使われていくことにより機能追加が必要になったり、「昨日は動いていたのに急に動かなくなった」などのトラブルへの対応も必要になってきます。

　このとき、たとえ同じことを実現できるプログラムであっても、

「1つの関数の中で全部の処理をやらせる（たとえば100行のコード）」

　よりも

「機能・役割ごとに分けた複数の関数を作る（たとえば30行の関数を5つ）」

　のほうが、コード量は増えてしまうかもしれませんが、「どこでエラーが出ているのか」がわかりやすいですし、エラーが出ている関数だけを確認すればいいので対応が容易になります。

　ここはプログラミングの中でも「設計」と呼ばれる領域になりますが、処理ごとに関数を分けて書くメリットは、こんなところにもあるわけです。本書では扱いませんが「オブジェクト指向プログラミング」と呼ばれる手法もあります。本書でプログラミングの基本を理解し、さらに効率のいいプログラミング（あるいはプログラムの設計）に興味がある方はぜひチャレンジしてください。

ここも重要！

GASの公式ドキュメント
の見方

公式を見るのが大事！
（英語だけど）

今までもたびたび、URLで紹介していましたが、GASの公式リファレンス（仕様書）に飛べる場所を紹介しておきます。スクリプトエディタの右上にある「?」マークから「ドキュメント」をクリックします（図6-22）。

（図6-22）ドキュメントをクリック

Google Apps Scriptの公式ドキュメント画面に飛びます。枠で囲んだ、Learn Apps Scriptをクリックしましょう（図6-23）。

（図6-23）Learn Apps Scriptをクリック

たとえば、Reference → Sheets →SpreadsheetAppをクリックすると、Googleスプ

レッドシートを扱う時に必要なドキュメントに遷移します（図6-24）。

図 6-24 Google スプレッドシートのドキュメント

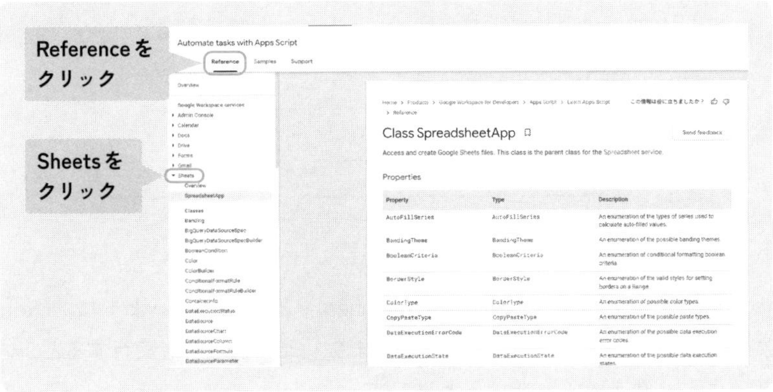

　もう少し細かく、見方を説明します。右側には「Properties」の表が表示されていると思います。さらに下にスクロールしていくと、「Methods」の表があります。

　Propertiesに書かれているものは、ごくかんたんにいうと「SpreadsheetApp が独自に持っているデータ」です。オブジェクトのところで「キー（名前）とバリュー（値）のセットのことをプロパティと呼ぶ」と説明しました。このページに書かれている Properties は、SpreadsheetApp オブジェクトが持っているプロパティのことです。このあたりについては、ちゃんと説明していくと複雑なため、深入りはしません。くわしく知りたい方は、「オブジェクト指向　プロパティ　メソッド」などで検索してください。

　Methods は、これまでも学んできた「メソッド」、つまり「SpreadsheetApp に対してできること」です。

　たとえば、今までも扱ってきた

```
const ss = SpreadsheetApp.getActive();
```

は、getActive() としてリファレンスに載っています（図6-25）。

図 6-25 getActive()のリファレンス

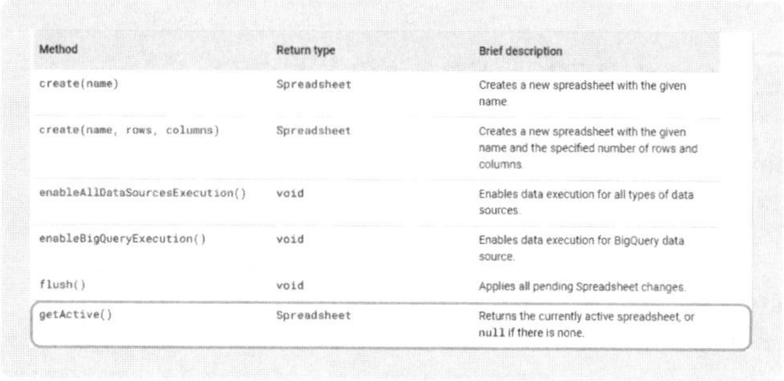

Method	Return type	Brief description
create(name)	Spreadsheet	Creates a new spreadsheet with the given name.
create(name, rows, columns)	Spreadsheet	Creates a new spreadsheet with the given name and the specified number of rows and columns.
enableAllDataSourcesExecution()	void	Enables data execution for all types of data sources.
enableBigQueryExecution()	void	Enables data execution for BigQuery data source.
flush()	void	Applies all pending Spreadsheet changes.
getActive()	Spreadsheet	Returns the currently active spreadsheet, or null if there is none.

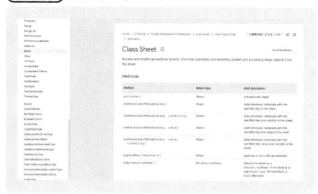

図の中の「Return type」のところに「Spreadsheet」と書かれていますね。「Return type」はその関数(メソッド)の戻り値を意味します。つまり、「getActive()を実行するとSpreadsheetが取得できるよ」と教えてくれているわけです。

「sheetに対し、どんなメソッドがあるのか」を知りたければ、左側から「Sheets」→「sheet」を選んで、sheetリファレンスのメソッドの部分を見ると書いてあります(図6-26)。

図 6-26 sheetリファレンス

……というように、「何に対してどのような処理ができるのか」が書かれているのがこのドキュメントです。ドキュメントを見るときは、「どのアプリケーションに関するプロパティ/メソッドなのか」「どのメソッドが、何を返してくるのか」を注意してみる必要があります。

検索して出てくる日本語記事もたくさんありますが、公式はこのリファレンスです。見方を覚えておきましょう。

ここも重要！
シンプルトリガー onEdit

トリガーを
うまく使おう！

　Googleスプレッドシートでの業務効率化でよく使うのが「スプレッドシートが更新されたら通知する」という使い方です。たとえばタスク管理表で「ステータス」の列があったとして、この列が「完了」に変更されたら「タスクが完了しました！」というメールを送信する、といったことができます。「編集された」ことを検知できるのがonEdit()トリガーです。

　今開いているスプレッドシートか、あるいは新たに作ったスプレッドシートでスクリプトエディタを開き、下記のコードを書いてみてください（スクリプトファイルの名前は何でもいいです）。

≡ コード 6-9

```
function onEdit(e) {
  // e.source で Spreadsheetオブジェクトが取得できる
  const ss = e.source;
  const sheetName = ss.getActiveSheet().getSheetName();

  // e.range で 編集されたrangeが取得できる
  const range = e.range;

  // rangeに対してgetA1Notation()を実行すると編集箇所が A1形式で取得
     できる
  const editedAddress = range.getA1Notation();

  // 変更前、変更後の値を取得する
  const oldValue = e.oldValue;
  const newValue = e.value;

  const message = `
シート名： ${sheetName}\\n
編集箇所： ${editedAddress}\\n
編集前の値： ${oldValue}\\n
編集後の値： ${newValue}`;

  Browser.msgBox(message);
}
```

この関数を「保存」した後に、一度「実行」してください（この実行の際に、TypeError: Cannot read property 'source' of undefined が出るのは問題ありません）。

その後、スプレッドシートにある「シート1」シートのA1に「あああ」と入力すると、図6-27の画面が自動で表示されます。

空欄のセルは、「undefined」として認識されます。さらにA1を「あああ」から「いいい」に書き換えると、図6-28が表示されます。

図 6-27 あああを入力

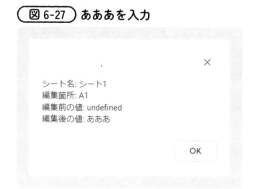

図 6-28 いいいに書き換え

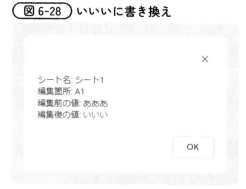

このようにonEdit()は「Googleスプレッドシートが編集されたとき」に自動で実行される関数です。

そしてeにはイベントに関する情報（Event Object）が入っています。今回は「シートが編集されたら」起動するトリガーですが、このときのeのオブジェクトにはrange, oldValue, valueなどのプロパティが存在します。Event Objectが持っている情報は下記にありますので参考にしてください。

https://developers.google.com/apps-script/guides/triggers/events#edit

これを活用すると

- 特定の列が変更されたらメールで通知する
- 誰がいつどのセルを何から何に変更したのか、という編集履歴を作成する
- 編集された内容に応じて、別の関数を呼び出して処理を実行する

などの業務自動化に応用することができます。

おわりに

本書はノンプログラマを対象にして、GASを使って作業の自動化プログラムをサンプルにした「プログラミングの入門書」として書き進めてきました。

みなさんが実現したいことは、本書に書かれていることをそのまま使うだけでは実現できないかもしれません。ですが、ここに載っていることと自分で調べたことを組合せると、やりたいことを実現できるようになります。特に初学者は（いや、私もですね）プログラムを書いている時間よりも、調べたり考えたりしている時間のほうが長いことのほうが多いです。

私は「プログラミングは部品を組合せることで形を作っていく」ようなイメージを持っています。ちょうどプラモデルのようなイメージでしょうか。腕のパーツ、足のパーツ、体のパーツ、顔のパーツ、を作って、最後に全部を合わせることでガンダムができあがる、のような。

プラモデルとの大きな違いは、プラモデルは「部品」も揃っているし、「組立説明書」が用意されていて、その手順通りに進めればゴールにたどり着けます。しかしプログラムは部品も組み立て方も自分で考えなければならないところです。ですが、そこが面白いところでもあります。

部品が用意されている（サンプルコードがWebに公開されている）こともありますが、そのためには「部品の探し方」を身につけないといけませんし、自分がほしいものにちょうど合うコードはなかなか見つかりません。いい部品が見つからない場合は、自分でゼロから作ったり、サンプルコードを加工してほしいものを作ることになります。

自動化できそうな業務の見つけ方

本書を読む前のみなさんは「GASを使って業務を自動化する」といっても、何が自動化できるのか検討がつかなかったと思います。今はどうでしょうか？「Googleのサービス（たとえばスプレッドシート）に対して、人が手動でおこなっている操作をプログラムに置き換えることができる」ことがわかっていただけたと思います。これはつまり、

「ルールに基づいて、決まった処理をおこなうのであればプログラムに置き換えられる」

ということです。

ルールというのがキモです。スプレッドシートの操作を例に取ると、「前回はA10セルの値だけど、今回はB20のセルの値を使う」など、必要なものがその時によって、「ルールなく変化する」ものはプログラムにできません。これは、「セルの位置が変わるものはプログ

ラムにできない」という単純な話ではありません。セルの位置は変わってもいいのですが、その「変わり方」に「ルール」があることが大切です。

　たとえば「A列の一番下にある値を使う」という条件だとどうでしょうか。プログラムを作った時点は一番下がA10でしたが、そこからデータが増えて、A列の一番下がA30になっていたとします。条件として「A列の一番下の値」というルールでプログラムが作られていたら、これでも問題なく動きますよね。

　このように、「ルールが必ず当てはめることができる」のであればプログラムに置き換えられます。

　プログラミングで業務を自動化していく場合、みなさんにはここで発想の転換をしてほしいのです。
「手動でやっている作業内容・手順を変えずに、プログラムで自動化する」ことが、「普通の」業務自動化だとします。でもこれを、

「自動化しやすいように手動の作業フローを設計する。そのうえで自動化する」

という発想で、自分の業務を考えてみてください。たとえば共同で使用しているスプレッドシートを元にプログラムを書こうとしたときに、AさんとBさんの入力形式がバラバラだったら、自動化は難しいですよね。この場合、「入力するシートのフォーマットはこれにしよう」と、先にルールを決めてしまえば自動化しやすくなります。

　プログラムの知識がある人とない人とでは、業務設計の仕方も変わってきます。みなさんは「シートがどういう状態になっていたら自動化しやすいか」がわかると思いますので、ぜひこの「自動化を前提とした手動の作業フローの構築」をおこなってみてください。これによって生産性が大きく向上すると思います。

⚙ 初学者の2大「わからない」

　さて、自動化できる業務を見つけて、いざ「自動化しよう！」としても、とにかく最初のうちは「わからない」に遭遇することが多いと思います。私は「プログラム初学者の2大わからない」と呼んでいるのですが、大きく2種類の「わからない」があると考えています。その対処法を、かんたんにお伝えしておきます。

①手順がわからない

　手動でおこなっている業務を自動化しよう、という場合は、元になる「業務の手順」があるはずです。人間がやっていることをプログラムに実行してもらうわけですので、人に伝えるときと同じように「人間がその作業（処理）をするときには、どういう順番で何をするか」を考えていくのがいいと思います。本書ではフローチャートを書いていますが、これと同じようにフローチャートが書ければあとはそれをプログラムに翻訳（置き換え）すればOKです。

　始めのうちは「なるべく小さい処理、単純な処理に分解する」のがポイントです。その際は、「シートの情報を取得する」ではなく「○○シートのA12とB12の値を取得する」といったように具体的に指定します。

②プログラムに翻訳する方法がわからない

　手順がわかったらそれをプログラムに置き換えていきます。この「翻訳する方法がわからない」については、調べることで解決できる場合が多いです。言語仕様や関数の使い方など、ネット上に情報はいろいろと公開されているため、調べ方にさえ慣れてしまえば、簡単です。「JavaScript　配列　並べ替え」とか「GAS　Googleドライブ　ファイル名変更」など、言語名とやりたいことで検索すると、ヒント（あるいは答え）が得られます。

本書で説明できていないこと

　冒頭でもお伝えしましたが、本書はプログラミング初学者を対象にしているため、GASでできることを網羅することは目的としていません。そのため

「使う機会は少ないかな」
「初学者には難しいかな」

　という部分は紹介していません。本書に書いたことに加えて、下記のようなことを知っていると今後役に立つと思います。次のステップに進むにあたって参考にしてください。

GAS特有の機能に関すること

UrlFetchをつかって別サービスのAPIを利用する方法

　GAS（およびプログラム全般）の醍醐味として「他のサービスと連携することができる」ことがあります。特に自動化で強力な効果を発揮するのが「SlackやChatWorkのようなチャットツールに通知を送ること」です。本書では「何かの結果をGmailに送信する」という例を挙げましたが、おそらくメールじゃなく、チャットツールに通知するほうがニーズが高いでしょう。API（Application Programming Interface）というワードを聞いたことがある人もいると思いますが、これを利用することで「自分のプログラムと他サービスを連携させる」といったことが可能になるのです。Slackなどに限らず、たとえばTwitterやFacebookはAPIを公開しており、自分が書いたプログラムの中でTwitterやFacebookの投稿を取り込んだり、自分のプログラムからツイートしたりすることができます。ほかにも、LINE botを作ることもできます。API利用には無料で利用できるものや登録が必要なもの、有料なもの、もありますので、事前に調べてみてください。

　GASでAPIを使うには、UrlFetchという機能を利用します。これで、「他サービスにリクエストを送信し、レスポンスを受け取る」ことができます。

　これができるようになるといろいろなサービスと連携できるので、チャレンジしてみてください。

ライブラリの使用方法

　ライブラリとは、他の人が書いた便利な関数を集めたものです。一般に公開されていて、導入すると自分のプログラムの中で使えるようになります。「GAS　ライブラリ」で検索するとライブラリ自体や使い方の説明が出てきます。

　注意点として、これらはGoogle公式ではなく有志によって開発されているものもあります。そのため、ライブラリが継続して利用できるかどうかはわかりません（将来的に開発中止、公開中止になることもありえます）。「利用者が多い」「メンテナンスが頻繁におこなわれている」など、使用にあたっては、ライブラリの信用性を最初に確認するとよいでしょう。ちなみに、自分が書いたプログラムをライブラリとして公開することも可能です。

GASをWebアプリケーションとして公開する方法

　簡単にいうと「インターネット上で自分のWebサービスが作れる」ということです。それにはHTTP（インターネット上でやり取りするためのルール）についての知識が必要ですし、「クライアントとサーバ」の概念も理解する必要があります。なお、従来は自分でWebサーバを用意する必要がありましたが、GASではその必要がありません。スクリプトエディタでコードを書くだけで実現できてしまうので、とてもすごい世の中になったものです。

　業務自動化の観点ではたとえば、何かの情報がスプレッドシートに存在していたとして、その中から

「特定のキー（たとえば社員番号とか）をGASで書いたWebアプリケーションにリクエストすると、その社員の情報をレスポンスとして返す」

というような使い方ができます。

Webアプリケーションを作成するときの注意点としては、必要な知識領域が広がるということです。特にセキュリティ面でしょうか。たとえば社内情報に対して誰でもアクセスできてしまったら問題になってしまうので注意です。

プログラミングに関すること

プログラムを見やすくする方法

この本をここまで読み進められた方にはぜひ読んでいただきたい本があります。「リーダブルコード」という本です。「理解しやすいコードを書くにはどうすればいいか」というテーマの本です。自分以外の人、あるいは将来の自分がそのコードを見た時に理解しやすいコードになっていることは、プログラムを継続して利用するうえでとても大事なことです。

プログラムの設計の仕方

もし、今後プログラマやエンジニアとして仕事をすることを考えるなら、「プログラミングの設計」や「TDD（Test Driven Development）」といった知識も必要になってきます。初学者の領域を超えてしまうので割愛しましたが、ぜひ興味がある分野については勉強してみてください。

正規表現

GASやJavaScriptのような言語に関わらず、「正規表現」という領域の技術があります。これは文字列の中から「特定のパターン」を見つけたり、置換したりできる技術です。たとえばメールの本文の中で郵便番号があったらそれだけを抜き出したい、というときに、「郵便番号を表すパターン」を

- 7桁の数字
- 3桁の数字-4桁の数字
- 上記の数字およびハイフンはすべて半角

というように定義した場合、このパターンは

```
\d{3}-?\d{4}
```

と表現することができます。そしてこのパターンにマッチする文字列があるかどうか、あるいはマッチする文字列を取り出す、といったことができます。解説すると長くなってしまうので興味がある方はぜひ調べてみてください。「JavaScript　正規表現　入門」などで検索すると、正規表現の入門記事がたくさん出てきます。

配列を便利に使ういろいろな関数

ここが理解できるとグッとレベルが上がります。GASのベースになっているJavaScriptには、配列の操作を便利にするための関数がいろいろ用意されています。

たとえば何かの配列が存在していて「ある条件を満たすものだけを抽出したい（フィルタリングしたい）」ということは多いと思います。今回はtestScoresとして「名前と点数」のオブジェクトが入った配列があったとしましょう。

本書で学んだ内容で対応しようとすると、下記のように書くことができます。

≡ コード 7-1

```
function testFilter_1() {
  // この配列の中で、scoreが80以上の要素だけを取り出したい
  const members = [
    {name:"タロウ", score:90},
    {name:"ジロウ", score:60},
    {name:"サブロウ", score:85},
    {name:"シロウ", score:75}
  ];

  // 取り出した要素を入れておく配列
  const filtered = [];

  for(const member of members){
    // 80点以上のものをfiltered配列に入れていく
    if(member.score>=80) {
      filtered.push(member);
    }
  }
  console.log(filtered);
}
```

おわりに

357

```
[ { name: 'タロウ', score: 90 }, { name: 'サブロウ', score: 85 } ]
```

狙ったとおり、scoreが80以上のものだけを取り出すことができました。しかしこれを、配列を扱う関数のひとつである、filter()関数を使うと下記のように書くことができます。

≡ コード 7-2

```
function testFilter_2() {
  const members = [
    {name:"タロウ", score:90},
    {name:"ジロウ", score:60},
    {name:"サブロウ", score:85},
    {name:"シロウ", score:75}
  ];

  // filter関数を使った書き方
  const filtered = members.filter(function(member){
    return member.score >= 80;
  });

  console.log(filtered);
}
```

▶ ログ

```
[ { name: 'タロウ', score: 90 }, { name: 'サブロウ', score: 85 } ]
```

≡ コード

```
  const filtered = members.filter(function(member){
    return member.score >= 80;
  });
```

詳しくは説明はしませんが、この3行で、

「members 配列から要素を1つ取り出して member 変数に入れる。member.score の値が80以上 だったら member を filtered 配列に入れる。これを members 配列の要素すべてに繰り返す」

　ということをやってくれています。
　配列を便利に扱う関数は filter() の他にも map(), sort(), reduce() などがありますので、ぜひ調べてみてください！

V8 ランタイム構文

　GAS は JavaScript をベースにしている言語であるとこれまでお伝えしていましたが、実は、「JavaScript を実行するためのプログラム（JavaScript エンジン）」が存在しており、GAS で JavaScript を使う際には、この JavaScript エンジンが動いています。このエンジンも日々進化しており、GAS でも 2020 年 2 月に V8 ランタイム（という JavaScript エンジン）がサポートされました。それにより、これまで使えなかった便利な構文（書き方）ができるようになっています。

　本書では定数の宣言には const、変数の宣言には let を使用していますが、V8 ランタイムに対応する前は定数も変数も var で宣言していましたし、文字列のところで解説したテンプレートリテラルも V8 からサポートされた書き方です。

　V8 ランタイムになったことで新たに可能になった書き方は「GAS　V8 ランタイム」で検索してもらうと出てきます。プログラム初学者でもわかるであろうものは本書でも V8 の書き方をしていますが、理解に時間がかかるかもしれない、と思ったものは本書では紹介していません。

　そのため、Web で GAS の記事を調べていく中で、見たことのない書き方が出てくるかもしれません。その中でも「アロー関数」「class 構文」「スプレッド構文」などは、実務の中ではよく使われますし、その中でも class については「オブジェクト指向プログラミング」でとても強力に機能します。興味のある方はぜひ調べてみてください。

あとがき

　文系の学部を卒業し、社会人になってからプログラマになり、まさか自分がプログラム入門の本を書くことになるなんて思ってもいませんでした。世の中って面白いものですね。

　みなさんが仕事で使うにしても、趣味でプログラムを始めるにしても、

　自分へインプットする　→　処理（自分の中で理解する）　→　コードをアウトプットする

の繰り返しによって、自分が成長していくことを感じられると思います。自分が1カ月前に書いたコードをみて「なんだこれは？　今ならもっとうまく書ける」という気づきがあるでしょうし、「この処理と同じようなものを以前にも書いたことがあるな。だったら毎回使い回せるように関数にしておこう」といった「自分コード集」を作るのもいいでしょう。

　そしてその情報をWebに公開してみることにもチャレンジしてみてください。というのも、公開されるからにはちゃんとしたものを書かないと、という気持ちになり、ちゃんと調べることで自分の理解度アップにもつながるからです。
　実際、「こういうことに困っていて、こうやったら解決した」のような情報がWebにはたくさん公開されています。私も普段はこれらの情報を見る側ですが、「私が困ったのだからきっと他にも困ってる人がいるだろう」とか「これを公開したら誰かの役に立つのでは」という気持ちから、Qiitaなどのプログラミング情報共有サイトに記事を投稿しています（アカウントは @sakaimo ）。

　この本を書くきっかけになったのも、私が公開している記事が技術評論社の編集の方の目に止まり、「本を書いてみませんか」と連絡をもらったのがきっかけでした。インターネットってすごい！　って思った瞬間でした。そしてアウトプットしててよかった、って思いました。

　ここでみなさんに宿題があります。「みなさんの作業や業務を、1秒でもいいので短縮できる自動化プログラム」を書いてください。プログラムを書くうえで大事だと思うことの1つに「完成させる」があります。やってみよう！　と思って書き始めたけれど、途中でつ

まづいてあきらめてしまうことはよくあります。簡単なもの、小さいものでもいいので、とにかく「完成」させて、プログラムが動いて、結果を出すまでの一連の流れを経験してほしいです。また、大げさなものじゃなくていいのですが、「実際に使うもの」を選んでほしいと思います。

　本書を書くにあたって、何よりも私の社内レクチャーを受けてくれたメンバーが、ある意味「実験台」になってくれたことが大きいです。レクチャー資料を作り、実際にレクチャーをおこない、自分の手応えとメンバーの反応を見ながら資料をアップデートし、次のレクチャーをおこなう、というサイクルを通して、私なりの「初学者に伝えるポイント」が詰められたのだと思います。社内レクチャーがきっかけで、自分でもGASが書けるようになって、業務自動化をしている話を聞くととてもうれしいです。

　編集の村瀬さんには、私の原案に対して「こういう表現のほうがわかりやすい」「ここは補足がほしい」のように読者視点からのツッコミを入れてくれて、いわれてみて「たしかにそうだなー」と思うところが多くあり、勉強になりました。人にわかりやすく伝える、って難しい！

　カバーと本文のイラストをじゅーぱちさんに、本書内デザインをPiDEZA Incさんにお願いし、とてもステキに仕上げていただきました。ありがとうございます。

　そして本書を手に取っていただいたみなさんにも感謝です。この本をきっかけとして、みなさんの人生が変わるような変化が起こせたらうれしいです。私の息子、娘にも読ませてみよっと。

あとがき

索引

索引

363

■お問い合わせについて

本書に関するご質問については、本書に記載されている内容に関するもののみ受付をいたします。本書の内容と関係のないご質問につきましては一切お答えできませんので、あらかじめご承知置きください。また、電話でのご質問は受け付けておりませんので、ファックスか封書などの書面か電子メールにて、下記までお送りください。

なおご質問の際には、書名と該当ページ、返信先を明記してくださいますよう、お願いいたします。特に電子メールのアドレスが間違っていますと回答をお送りすることができなくなりますので、十分にお気をつけください。

お送りいただいたご質問には、できる限り迅速にお答えできるよう努力いたしておりますが、場合によってはお答えするまでに時間がかかることがあります。また、回答の期日をご指定なさっても、ご希望にお応えできるとは限りません。あらかじめご了承くださいますよう、お願いいたします。

【問い合わせ先】
〈ファックスの場合〉
03-3513-6183
〈封書の場合〉
〒162-0846
東京都新宿区市谷左内町 21-13
株式会社 技術評論社　書籍編集部
『ケーススタディでしっかり身につく！
Google Apps Script超入門』係
〈電子メールの場合〉
https://gihyo.jp/book/2022/978-4-297-12627-8

カバー・本文デザイン・DTP　平塚兼右、矢口なな（PiDEZA Inc.）
カバー・本文イラスト　じゅーぱち
企画／編集　村瀬光

ケーススタディでしっかり身につく！
Google Apps Script超入門

2022年4月7日　初版　第1刷発行

著　者　　境野 高義

発行者　　片岡 巌

発行所　　株式会社技術評論社

電　話　　03-3513-6150（販売促進部）
　　　　　03-3513-6166（書籍編集部）

印刷／製本　昭和情報プロセス株式会社